版面設計新點子

New Idea！設計師 不 藏 私 的

Photoshop & Illustrator

上田マルコ
尾沢早飛
加瀬透
近藤聡
サノワタル

吳嘉芳 譯

定期公演

窪田良亮
西宮ゆみ
長谷部

にっちへおいで

COSMETIC FESTIVAL

11.16.FRI-11.23.FRI

water paint

TYPO GRAP HY/DE SIGN///// POS TER

GRA PHI

彩

二人歌会
青山歌子
桃井花子

と

うたよま

2018.12

22-24

SAT MON

RED NOSE FESTIVAL

10:00-18:00 @ASTLAB. ENTRANCE FREE

CINEMA MARCHE MUSIC

波線をコントロールしてテクスチャーをつくる

INVERSION EFFECT

反転

竹内あきら
Akira Takeuchi

日是女

長い年月をかけて
自然の力でつくられ

序

「雖然會使用 Illustrator 及 Photoshop，但是設計排版時，還是很煩惱。」、「沒辦法完美整合設計」、「想不出新的設計點子」針對這些使用者，本書集結了由專業設計師提出的最新排版設計點子。

本書共分成「基本」、「文字」、「配色」、「標題」、「照片」、「裝飾」等六章，詳細說明無法單憑瀏覽設計作品就學會的排版原則、訣竅、重點。書中包含了大量靈感枯竭時，能激發創意的線索，以及可以享受設計樂趣的點子。

除了已經有實務經驗的中階使用者，就算是正在學習設計的初學者，也一定能從中找到充滿「時下流行感」的素材，完成想創作的設計作品。若這本書能讓各位當成從事設計工作時的工具，善加運用，筆者將深感榮幸。

CONTENTS

1 BASIC
基本

2 TYPOGRAPHY

文字

3 COLOR

配色

範例檔案

本書使用的範例完成檔案及部分素材類檔案可供下載，使用者請利用
以下網址下載檔案。

https://www.flag.com.tw/DL.asp?F1530
（輸入下載連結時，請注意大小寫必須相同）

● 注意事項

※ 範例檔案的著作權為作者及翔泳社（股）公司所有，未經許可，嚴禁任
　 意發布或轉載於網站上。

※ 範例檔案可能未經預告就停止提供下載，敬請見諒。

● 免責事項

※ 記載在範例檔案內的 URL 等可能在沒有預告的情況下逕行修改。

※ 提供範例檔案時，已力求正確描述，但是作者及出版社任何一方對內容皆
　 不做保證，關於內容及範例的運用結果，概不負任何責任。

※ 記載在範例檔案內的公司名稱、產品名稱皆為各公司的商標或註冊商標。

※ 本書使用的影像素材、字體均有著作權，所以無法提供全部的範例檔案供
　 讀者練習，敬請見諒！

　 您可以透過網路搜尋，尋找接近的照片、圖片來練習，書中使用的字體也
　 會標示名稱，您可自行下載或是購買字體。

「關於版本」

執行本書說明的技巧需要使用 Adobe Photoshop 及 Adobe Illustrator。這個部
分已經標示在各章的章名頁。

「注意事項」

本文的影像中標示 ★ 的部分是原始影像。

BASIC

本章將依留白、分組、
格線等基本編排原則，
說明設計的技巧。

1

＋クリエイティブゼミ vol.5

「デザイナーの次のかたち」

近年「デザイン」という言葉の解釈や、求められる「デザイナー」の役割が多様化していると感じませんか？それに伴い、デザインにかかわる方は「デザインするだけ」という考え方を転換する時期ではないかと思います。今回のゼミではデザイナーを対象として、デザインの多様化に対応できるように、ものづくりの基本である「コミュニケーション」「企画」そして着地点としてのアウトプットに向かうまでの「プロセス」をレクチャーできればと考えています。
さらに、第一線で活躍するデザイナーとのトークや、クライアントをゲストにお呼びして、実際の仕事の流れ・様子をうかがうなど、より実践的・応用的にデザインに向き合い、「デザイナーの次のかたち」を感じることができるゼミを開講します。
新しいデザインに挑戦したい方、現在の状況に違和感を抱いている方など「デザイナーの次のかたち」に興味のある方は是非ご参加ください。

【日時】2013年6月21日（金）〜8月30日（金）
毎週金曜日（8/16休講）19:30〜21:30
【場所】デザイン・クリエイティブセンター神戸（KIITO）
【定員】20名（要申込）【参加費】8,000円（全10回）
【対象】デザインにかかわる方（学生可）
※ゼミにはPCをご持参ください（IllustratorとPhotoshopを使用します）。
【主催】デザイン・クリエイティブセンター神戸
【申し込み】ウェブサイト（http://kiito.jp）からお申し込みください。
※申し込みは5月14日（火）11:00から開始します。

スケジュール
[1] 6.21 オリエンテーション
[2] 6.28 コミュニケーションとデザイン
[3] 7.5 ゲストを迎えてのデザイントーク
[4] 7.12 企画とデザイン
[5] 7.19 アウトプットするデザイン
[6] 7.26 クライアントゲスト
[7] 8.2 講義＋実習
[8] 8.9 講義＋実習
[9] 8.23 講評会
[10] 8.30 まとめのデザイン

【講師】サノワタル（いろいろデザイン）
Producer／京都精華大学非常勤講師
グラフィックデザイン・ウェブデザインなどを中心に様々な領域のデザインや企画を手掛ける。2006年から「地域」「デザイン」「コミュニティー」をコンセプトにした活動を展開。
http://www.watarusano.com

デザイン・クリエイティブセンター神戸（KIITO）
〒651-0082 神戸市中央区小野浜町1-4
TEL:078-325-2235　FAX:078-325-2230
E-MAIL:info@kiito.jp　WEB:http://kiito.jp

JR、阪急、阪神線三宮駅より南へ徒歩20分
神戸市営地下鉄海岸線三宮・花時計前駅より徒歩10分
ポートライナー貿易センター駅より徒歩10分
※駐車場はございませんので、公共交通機関をご利用ください。

【日時】2000年0月00日（金）〜0月00日（金）毎週金曜日（0/00休講）19:30〜21:30
【講師】サノワタル（いろいろデザイン）【定員】00名（要申込）【参加費】0,000円（全10回）
【対象】デザインにかかわる方（学生可）※ゼミにはPCをご持参ください（IllustratorとPhotoshopを使用します）。
【申し込み】ウェブサイト（http://kiito.jp）からお申し込みください
※申し込みは0月00日（火）11:00から開始します。

將資料分組並依優先順序排列
可以更明確地傳達訊息

不論傳達資訊的媒體是什麼，只要妥善整理資料，
就能明確地表達內容或概念。

Ai CC 2021　CREATOR: Wataru Sano

001

◆ 基本規則

妥善整理資料才能達到「吸睛效果」

將資料分組，除了看起來美觀，也能妥善整理資料，提升設計的品質。設計作品時，最重要的是利用分組呈現「資料的先後順序」。排列先後順序最常用的方法包括顏色、大小及形狀變化等。本範例要利用分組來安排資料的先後順序。

01 整理必要資料並分組

本範例要製作 A4 (210×297mm) 尺寸的研討會宣傳單。首先，整理要顯示的資料，並按照內容分組。正面包含「研討會的名稱及主題」**1**、「主辦者的名稱及 LOGO」**2**、「日期、時間、講師姓名、人數、參加費用等詳細資料」三大元素 **3**。

ゼミの名称：
＋クリエイティブゼミ vol.5
「デザイナーの次のかたち」
1

2

文字情報：
【日時】2000年0月00日(金)～0月00日(金) 毎週金曜日 (0/00休講) 19：30～21：30
【講師】サノワタル （いろいろデザイン）
【定員】00名（要申込） 【参加費】0,000円（全10回）
【対象】デザインにかかわる方（学生可）※ゼミにはPCをご持参ください
（IllustratorとPhotoshopを使用します）
【申し込み】ウェブサイト (http://kiito.jp) からお申し込みください
※申し込みは0月00日(火)11：00から開始します。
3

02 用編號決定分組的優先順序

完成資料分組後，接著要決定資料的優先順序並進行編號。由於資料分成三組，所以將版面分成三個區域 **4**。圖中的「1」是一開始就必須顯示的「主辦者及研討會名稱」，接著「2」是「研討會主題」，下面的「3」是顯示詳細資料。

在此稍微改變分組的方法。由於這已經是第五次舉辦的研討會，所以重點不是研討會名稱，而是「研討會主題」。因此把原本合在一起的「研討會名稱」與「研討會主題」分開，單獨將主題放在「2」的部分。然後擴大「2」的區域 **5**，把研討會名稱當作開頭的資料，放入「1」的部分。

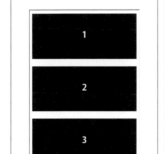
4

5

ONE POINT

最重要的關鍵是要仔細整理資料，將必須獨立顯示的群組、必須優先顯示的群組、要排在一起的群組等分門別類。

03 思考如何突顯要特別強調的群組

請在 Illustrator 建立 A4 尺寸的新文件並實際編排。為了強調研討會的主題，將這些文字放在版面「2」最醒目的中心位置 **6**。接著將標題文字以不同字級大小排列，以加強對比突顯內容 **7**。

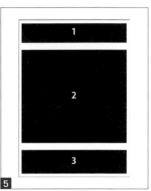
6

デザイナーの次のかたち

7

デザイナーの
次
のかたち

1 BASIC
2 TYPOGRAPHY
3 COLOR
4 TITLE & MARK
5 PHOTOGRAPHY
6 DECORATION

04 搭配其他資料
　　取得比例平衡

在區域「1」與「3」放入其他素材。把主辦者的 LOGO 當作視覺焦點放在左上方，研討會名稱自然放在右上方 **8**。詳細內容也按照彼此的關聯性分組配置 **9**。依序排列「日期與時間」、「講師」、「人數」等各個項目，※ 符號是補充資料，放置於最下方。

05 選擇字體，調整設計

放大並傾斜最想強調的標題，營造出動態感 **10**，讓觀看者把文字當成圖像，再閱讀文字，這樣做的目的是為了建立引導觀看者視線的引導線。把文字變成略帶弧度的字體。「デザイナーの」與「のかたち」使用了「ゴシック MB101 B」字體，「次」選擇了「太ゴ B101」字體。接著設定其他群組的字體，完成配置。**11** 是調整前 **12** 是調整後的設計。

此外，右上方的研討會名稱與下方的文字資料使用了「見出ゴ MB31」字體。考量到資料的優先順序，把文字大小設為 7～12pt，增加強弱對比 **13**。

06 宣傳單背面同樣從整理資料開始設計

宣傳單的背面要顯示更詳細的研討會資料。整理資料時，要意識到背面與正面不同，背面的文字資料量多，分組之後，要加上強弱對比。內容大致分成如圖 **14** 的八個群組。

裏面に掲載する情報のグループ分け：
1. ゼミの名称と今回の主題 (研討會名稱及這次的主題)
2. ゼミの内容紹介文 (介紹研討會的內容)
3. プログラムと日程 (講座與時程)
4. 講師名とプロフィール (講師姓名與簡介)
5. 詳しい開催情報 (研討會的詳細內容)
6. 主催者の詳しい情報 (主辦者資料)
7. 開催場所の地図 (會場地圖)
8. 会場の最寄駅と所要時間など (距離會場最近的車站及所需時間)

14

07 決定好群組的順序再編排

完成分組的優先順序再安排內容的步驟和宣傳單正面一樣。資料的優先順序是圖 **14**「1」的「研討會名稱」與「這次的主題」為最優先，單獨顯示在開頭區域。接著「2～3」的「介紹研討會的內容」、「講座與時程」是由文字大小 10pt 及字體「ゴシック MB101 R」組成。接著「4～5」的「講師姓名與簡介」及「研討會的詳細內容」以 8pt 配置。正面雖然也有這些資料，但是背面比較詳細。此外，「6～8」的「主辦者資料」、「會場地圖」、「距離會場最近的車站及所需時間」等文字資料設成 7pt。**15** 是最後完成的版面。

15

08 根據內容的關聯性調整群組之間的留白

顯示分組的手法有很多，此例使用的方法是留白，調整分組資料的留白，形成區塊。**16** 是填滿各個群組框後的結果。性質相近的資料縮小留白，性質差異大的資料擴大留白。**17** 是稍微放大後的圖示。把上半部分的研討會內容～講師簡介當作主要資料整合在一起，並略微擴大與下面其他詳細資料之間的留白。此外，大幅拉開左下方的研討會資料及主辦者 LOGO 的距離，縮小右下方的地圖與交通時間的文字留白，按照內容做調整。

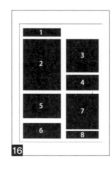

16

17

疊放素材呈現繽紛風格
的雜誌設計

002

在色塊或影像上疊放文字，以展現深度感，
同時依照優先順序整理內容的雜誌跨頁設計。

`Ai` CC 2021　CREATOR: Satoshi Kondo

使用素材：Foodiesfeed　https://www.foodiesfeed.com/free-food-photo/healthy-homemade-baguette-5/
　　　　　　　　　　　https://www.foodiesfeed.com/free-food-photo/sauteed-spring-seasonal-vegetables-4/
　　　　　PEXELS　　　https://www.pexels.com/photo/vegetable-sandwich-on-plate-1095550/

💎 基本規則

資料的分類與呈現

在元素豐富的版面中，將資料分類整理後再呈現格外重要。這個範
例把雜誌報導的標題、引言放在開頭，再用條列的方式，列出三種
菜餚名稱、材料及作法。當頁面包含較多元素時，不僅要正確傳達
資訊，也要有能讓讀者感興趣的詮釋方式。這個範例混合了直排與
橫排文字營造生動感，同時善用留白來分組，以不同字體及文字大
小呈現優先順序，並讓各個元素對齊開頭避免凌亂。此外，把當作
主視覺的照片去背並疊上色塊，就完成華麗、有深度的設計。

01 準備適合的照片，置入跨頁版面

此範例要編排食譜，大小為 A4 尺寸的跨頁雜誌。首先，在 Illustrator 建立跨頁大小「**寬度：420mm**」、「**高度：297mm**」的新文件，執行『**檔案→置入**』命令，置入照片 **1**。

02 依照優先順序放大主要照片

執行『**檢視→尺標→顯示尺標**』命令（ Ctrl （⌘）＋ R 鍵）顯示尺標刻度，再從尺標拖曳出垂直參考線，放在 210mm 處，當成跨頁版面的中心。接著，依照片的優先順序進行不同處理，這裡只有主照片使用矩形，其餘照片做去背處理。將主照片裁切成單頁左右滿版的大小再配置 **2**。去背是指裁切掉盤子以外的部分，採用的方法是剪裁遮色片，請沿著盤子邊緣建立路徑，並將路徑置於上層，接著同時選取該路徑與影像 **3**，執行『**物件→剪裁遮色片→製作**』命令 **4**。

03 在四邊設定邊界，決定頁碼的位置

在四邊設定邊界，決定頁碼的位置 **5**。從尺標拖曳出水平、垂直參考線，放在距離四邊 15mm 的位置，然後把頁碼放在距離下方水平參考線往下 5mm 的位置 **6 7**。

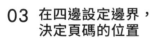

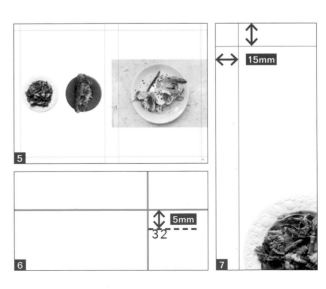

1 BASIC

2 TYPOGRAPHY

3 COLOR

4 TITLE & MARK

5 PHOTOGRAPHY

6 DECORATION

04 編排單元標題、引言及菜餚名稱等文字元素

編排「單元標題」、「引言」、「菜餚名稱」、「材料」及「作法」等文字，同時決定整體的呈現方式 **8**。標題與引言當作開頭整合在右邊，將三道菜名／材料／作法整齊排列，配置在照片的周圍，這樣就能瞭解每道菜的內容。利用照片大小及介紹的順序來呈現，因此文字元素統一套用相同樣式。

05 疊上色塊整理版面，增添繽紛感

此步驟要加上色塊，整合版面。左頁放置「M：20 Y：20」色塊路徑，右頁加上「C：20 Y：20」色塊路徑 **9**，兩者皆利用**透明度**面板設定「**漸變模式：色彩增值**」，與下層融合 **10**。

06 調整素材的重疊順序，突顯主要料理即完成

圖 **11** 是以「色彩增值」模式融合色塊後的狀態。色塊不僅整合了開頭與內文，也提升了頁面的繽紛感。由於色塊疊在主照片上，所以把盤子周圍加上遮色片的影像移至上層，產生只在背景重疊色塊的狀態，藉此突顯照片。此步驟先用 `Ctrl`（`⌘`）+ `C` 鍵及 `Ctrl`（`⌘`）+ `F` 鍵拷貝＆貼至上層，接著執行『**物件→排列順序→移至最前**』命令，把照片移到最上層，並利用**橢圓形工具**建立包圍盤子的路徑。同時選取路徑與照片 **12**，按下 `Ctrl`（`⌘`）+ `7` 鍵，製作剪裁遮色片 **13**。將單元標題變成兩行，疊在部分盤子上，製造一致性與深度感 **14**。左頁下方的照片也移到色塊的上層，產生遠近感，這樣就完成了 **15**。

A面タイトル

ARTIST NAME

B面タイトル (7inch edit)

以對稱方式配置素材的平衡設計

對稱式構圖能替版面帶來穩定感。
請試著將建築物倒映在水面的上下對稱照片發揮在設計上。

003

`Ps` CC 2021　`Ai` CC 2021　CREATOR&PHOTO:Wataru Sano

💎 基本規則

對稱

對稱是指把中心線當作對稱軸，以左右（或上下）一致的方式置入相同顏色或形狀的物件。對稱可以完成具有穩定感的平衡版面，不過這種排版方式也有缺點，因為穩定會給人枯燥、平凡的印象。此時，可以在對稱的世界裡，刻意加入「不對稱部分」，製造違和感。

1 BASIC

2 TYPOGRAPHY

3 COLOR

4 TITLE & MARK

5 PHOTOGRAPHY

6 DECORATION

01 繪製簡單的示意草圖及準備影像素材

在 Illustrator 建立新文件，此範例要製作 CD 封套。首先思考整體設計概念，簡單用手繪方式畫出草圖。這次使用的素材是河岸風景照片 **1**，要把實際建築物與水中倒影上下對稱這一點發揮在設計上。

02 在 Illustrator 中繪製正方形的方框建立版面

這個範例是要設計七吋的 CD 封套，所以繪製出 175mm 的正方形框當作封套的尺寸。選取**矩形工具 2**，在工作區域上按一下，開啟**矩形**對話視窗，分別將「**寬度**」與「**高度**」設定為「**175mm**」，再按下**確定**鈕 **3** **4**。

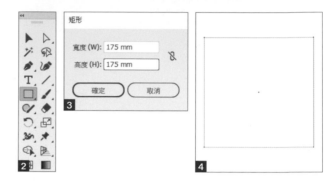

03 建立當作對稱基準的參考線

建立通過正方形中心點的水平、垂直參考線。執行『**檢視→尺標→顯示尺標**』命令，讓畫面的旁邊顯示出刻度 **5**。另外，也先執行『**檢視→智慧型參考線**』命令及執行『**檢視→靠齊控制點**』命令 (勾選該項目) **6**。完成準備工作後，將游標移動到尺標左上方、水平與垂直刻度交叉的地方，按住 Ctrl 鍵 (Mac 是 ⌘ 鍵) 不放並往右下方拖曳，建立垂直、水平參考線 **7**。接著直接將游標移到正方形的中心點 **8**，放開滑鼠左鍵後，就能建立把正方形水平、垂直分割成四等分的參考線 **9**。

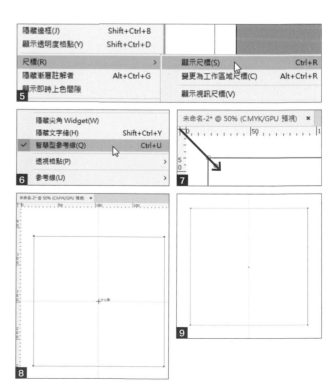

04 置入照片，找出上下對稱的中心線

執行『檔案→置入』命令，在正方形框內放置照片。這張照片是遠處的建築物倒映在水面，形成上下對稱的狀態。請先找出可以發揮這種構圖，分割上下區域的中心線（水平軸）。靠近中央的大樓邊角不論是地上或水面都能輕易靠齊，因此把它當作基準，建立通過邊角的兩條水平參考線 **10**。接著繪製垂直連接這兩條水平線的矩形路徑 **11**。適當設定左右位置及寬度。

05 對齊對稱的水平軸與封套的中心線

建立一條紅色水平線，使其通過剛才繪製的矩形中心 **12**。如此一來，照片的對稱水平軸（ **12** 的紅色水平線）會高於正方形框（封套的版面）的中心線（ **12** 的藍色水平線）。同時選取照片、紅線、矩形路徑並往下拖曳，對齊藍色參考線 **13**。這樣版面的中心與對稱軸就會一致。

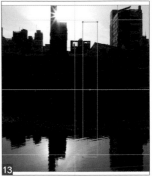

06 文字元素也要對稱

位置對齊之後，刪除已經不需要的紅線與矩形。接著編排文字元素，完成設計 **14**。這個範例把藝術家的姓名放在版面的中心，當作最想強調的元素。由於這是上下對稱的設計，所以文字方向也要由上往下排列，引導觀看者的視線。左上與右下分別置入 A 面歌曲與 B 面歌曲的標題。這個部分因為對稱關係而顛倒了 B 面的方向。

ONE POINT

究竟要不要把對稱軸放在版面的中心全憑設計而定。這個範例在圖 **13** 對齊了中心，但是之後卻略微往下移動，因為這樣看起來比較平衡。請根據希望完成的設計概念隨機應變，進行微調。

1 BASIC

2 TYPOGRAPHY

3 COLOR

4 TITLE & MARK

5 PHOTOGRAPHY

6 DECORATION

謹んで年頭の御祝詞を申し上げます
おかげをもちまして昨年の八月に
株式会社サノワタルデザイン事務所
として法人化いたしました
これもひとえに皆々様のご支援の
賜物と感謝いたしております
本年もなお一層の誠意をもって
デザイン活動に邁進いたしますので
今後とも変わらぬご指導のほど
よろしくお願い申し上げます
平成三十年 元旦

SANOWATARU DESIGN OFFICE INC.
600-8459 京都市下京区天神前町 327-2-1F
http://sanowataru.com / mail@watarusano.com

004

只用純文字構成簡潔、易讀的版面

只用文字元素製作明信片大小的 DM。運用整齊的文字組合，完成清楚傳達資訊的版面。

Ai CC 2021　CREATOR: Wataru Sano

◈ 基本規則

調整字距讓內容更容易閱讀

商用字體在設計時，通常也會一併考量文字的間距，但仍有可能因為配置大小、組合方法、設計需求等各種條件，必須個別調整。如果想稍微改變呈現出來的印象時，可以縮小字距。略微縮小字距會給人緊湊、剛硬性的印象；相反地，微幅增加字距能呈現柔和、流行的氛圍。

01　建立明信片大小的矩形外框

這次要製作兼具新年問候與通知公司成立、尺寸為明信片大小的 DM。使用 Illustrator 建立 A4 尺寸的新文件，利用**矩形工具**在工作區域上按一下，開啟**矩形**對話視窗，設定「**寬度：100mm**」、「**高度：148mm**」，按下**確定**鈕 **1**，即可建立明信片大小的外框 **2**。

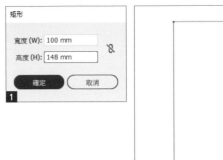
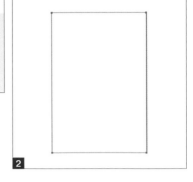

02　斟酌配置元素，構思版面

整理好要放入 DM 的資料後，按照內容分組，依各個元素設定矩形路徑並套用填色效果，思考大致的版面。這次要配置的元素只有主要的問候內容、收件者資料（公司名稱／地址／e-mail／URL）**3**。放大主要的問候內容區域，把收件者資料統一置於下半部 **4**。

配置元素：

1 問候內容

2 公司名稱

3 地址

4 e-mail

5 URL

ONE POINT

使用填色矩形掌握整體版面的技巧，不僅能運用在這次的範例，在所有的設計工作上都能發揮作用。

03　首先列出文字

在矩形框內部列出所有文字。選取**文字工具 5**，在要置入問候內容的矩形路徑上按一下 **6**，拷貝＆貼上已經準備好的問候文字。接著在下面的框內輸入收件者資料。這次想使用黑體類的字體，讓內容透出強烈的現代感，因此選擇了「**見出ゴ MB31**」的字體 **7**。主要的問候內容設成 17pt，收件者資料設成 12pt，先暫時放入矩形框內 **8**，之後會再進行調整。

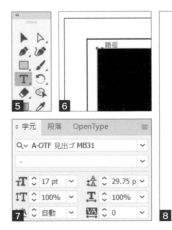

1　BASIC

2　TYPOGRAPHY

3　COLOR

4　TITLE & MARK

5　PHOTOGRAPHY

6　DECORATION

04 觀察比例調整整體的文字組合

調整換行位置，適當斷句，比較方便閱讀 9 。文字內容會因為字體而產生「字距」、「基線」、「文字大小」等微妙差異。有時中英文之間也必須經過調整。還有組合方法也會隨著「希望有悠閒感」、「想用緊湊的區塊呈現」等目的而改變。經過思考之後，進行微調。這個範例因為整體過長，因此將「字距微調」（設定選定字元的字距微調）設成「-9」，縮小字距。9 11 是原始狀態，而圖 10 12 是調整後的狀態，13 是調整後的**字元**面板。

05 個別調整間隔有問題的字串

即使統一文字的間隔，仍可能因為文字的形狀而讓間距看起來較寬或較窄。平假名、片假名的留白比漢字多，間隔看起來太大。14 的片假名部分顯得太長，因此個別選取後，將「字距微調」設定成「-29」，縮小字距 15 16 。

06 手動調整各個文字的間隔

片假名字串已用「**字距微調**」進行調整，但是「ノ」字是往右上方的斜線，所以左上方有留白，與「サ」的間隔看起來比較寬 17 。因此把游標放在「サ」與「ノ」之間，將「**特殊字距**」（設定兩個字元之間的特殊字距）設為「-60」，略微縮小字距 18 19 。接著將「ノ」與「ワ」之間設為「-60」，「ワ」與「タ」之間調整成「-80」。其他部分也一樣，覺得不協調的地方全都手動調整，整理主要的問候內容。20 是調整字距前，21 是調整字距後的狀態。

謹んで年頭の御祝詞を申し上げます
おかげをもちまして昨年の八月に
株式会社サノワタルデザイン事務所
として法人化いたしました
これもひとえに皆々様のご支援の
賜物と感謝いたしております
本年もなお一層の誠意をもって
デザイン活動に邁進いたしますので
今後とも変わらぬご指導のほど
よろしくお願い申し上げます
平成三十年 元旦

9

謹んで年頭の御祝詞を申し上げます
おかげをもちまして昨年の八月に
株式会社サノワタルデザイン事務所
として法人化いたしました
これもひとえに皆々様のご支援の
賜物と感謝いたしております
本年もなお一層の誠意をもって
デザイン活動に邁進いたしますので
今後とも変わらぬご指導のほど
よろしくお願い申し上げます
平成三十年 元旦

10

謹んで年頭の御 **11**

謹んで年頭の御 **12**

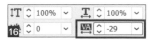

13

株式会社サノワタルデザイン **14**

株式会社サノワタルデザイン **15**

16

社サノ **17**　社サノ **18**

19

おかげをもちまして昨年の八月に
株式会社サノワタルデザイン事務所
として法人化いたしました
20

おかげをもちまして昨年の八月に
株式会社サノワタルデザイン事務所
として法人化いたしました
21

ONE POINT

使用快速鍵「 Alt 鍵（Mac 是 Option 鍵）＋ ←、→」，就能輕鬆設定特殊字距。
利用 ← → 鍵在文字之間移動，再用快速鍵調整字距，即可流暢完成操作。

07 注意英文字體與日文字體的大小差異

調整收件者的資料。地址和主要的問候內容一樣，使用「見出ゴ MB31」字體，公司名稱的英文字母與數字改成英文字體「DIN Next LT Pro Medium」22 23。整體略長的長體設定及「**字距微調：-9**」的設定和主要問候內容相同。考量內容的優先順序及分量，利用不同字體大小來編排。公司名稱設成 17pt，地址 15pt，URL 及 e-mail 是 12.5pt。這裡必須注意地址的日文字體與英文字體的大小不一致。如果統一使用 15pt，日文的漢字部分會顯得比較大 24，因此單獨選取漢字，縮小成 13pt 25 26。

08 文字建立外框後，再進一步調整

英文字體有時會受到字體形狀的影響而出現間距變大的情況。例如，大寫字母「W」的兩側字距常顯得比較大 27。和前面的問候內容一樣，設定特殊字距，手動調整不協調的部分。28 是調整完畢的收件者部分。調整完成，選取全部的文字，先拷貝起來，當之後需要修正時的備用文字。接著執行『**文字→建立外框**』命令，把要繼續操作的文字資料建立外框 29。接著縮小檢視，目視整體平衡。在建立外框後，也要確認行首的部分 30。假如行首出現留白較多、位置偏低的文字，需再個別進行微調。31 是最後完成的 DM。

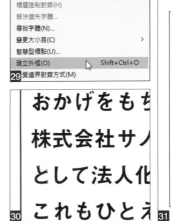

005

用照片構圖設計文字，讓版面具有躍動感

利用個性化的文字排列方法，設計出吸睛的版面。順著照片構圖排列文字，可以表現出連動的概念。

Ai CC 2021
CREATOR&PHOTO: Satoshi Kondo

♦ 基本規則

有效組合元素

把符合設計內容及目的當作前提，讓文字與影像連動，整合文字含意與影像概念，有時能讓人留下深刻印象。這個範例是依照片的構圖排列文字，並延伸到框外，動態運用大量空間，讓文字與照片的意義彼此連結，強調整體概念。

01 使用 A4 尺寸製作公演用的宣傳單

有個劇團要定期公演，需要製作 A4 的宣傳單。首先啟動 Illustrator，執行『**檔案→新增**』命令，建立 A4 尺寸「**寬度：210mm**」、「**高度：297mm**」的新文件 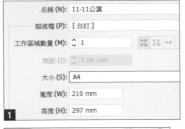。接著準備要當作主視覺的影像 。執行『**檔案→置入**』命令 ，把影像置於工作區域的中央 **4**。根據標題『こっちへ、おいでよ』，選擇往消失點方向集中的構圖 (消失點構圖法)，當作主照片。

02 運用照片的構圖建立參考線

主照片是具有透視感的構圖，所以要編排出發揮這種遠近感的設計。首先使**鋼筆工具**畫出輔助線，找到消失點，方便瞭解照片中的透視狀態 **5**。這個範例是在隧道左上方的電線、牆壁與地面的邊界、紅磚牆的水平線畫出參考線 **6 7**。

03 以消失點為中心，繪製正方形外框

選取**矩形工具**，按一下影像內的消失點，繪製裁切影像用的正方形路徑，不論「**寬度**」或「**高度**」皆是從 A4 的寬度 210mm 減去 40mm 後的「**170mm**」**8 9**。

04 裁切影像並置於距離頁面邊緣 20mm 的位置

同時選取上個步驟建立的正方形路徑與影像，執行『**物件→剪裁遮色片→製作**』命令，把影像剪裁成正方形 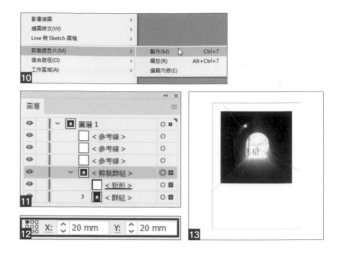 **10** **11**。接著選取該影像的「剪裁群組」，在**控制**面板中，把參考點的位置設定在左上方，「X」與「Y」設定為「20mm」，放在距離 A4 頁面上方與左右 20mm 的留白位置 **12**，將主影像變成正方形，放在靠上方的位置，讓下半部產生留白，發揮從遠到近的空間開闊感。**13** 是目前的狀態，先前建立的消失點輔助線，之後會當作參考線使用，因此先暫時保留。

ONE POINT

利用**控制**面板或**變形**面板，可以用「X」與「Y」座標精準移動物件。請注意參考點的設定位置。

05 在背景覆蓋暗色調的矩形並編排標題

由於希望整體的色調變暗，所以在背景覆蓋上深綠色矩形。選取**矩形工具**，將「填色」設為「C：90 M：30 Y：95 K：30」、「筆畫：無」，將游標移到工作區域的左上方「X／Y：0mm」並按一下滑鼠左鍵 **14** **15**。接著，在**矩形**對話視窗中，輸入「**寬度：210mm**」、「**高度：297mm**」，按下**確定**鈕 **16**，建立疊在整個工作區域的 A4 矩形後，執行『**物件→排列順序→移至最後**』命令，放在背景 **17**。接下來要編排標題。字體選擇粗明朝體「ZEN オールド明朝 -M」**18**，執行『**文字→建立外框**』命令，將文字外框化。右下方從消失點開始增加一條放射狀的參考線，再順著該參考線排列每個字 **19** **20**。

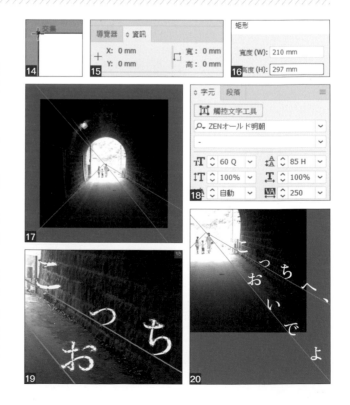

06 依照優先順序，安排其他文字元素

接著要編排文字元素。和剛才的標題文字一樣，依照需求增加自消失點延伸出來的參考線，並沿著參考線排列文字。讓文字順著照片構圖排列，能製造出兩者連動的意象，讓人留下更強烈的印象 21。文字資料包括「公演期間」、「演出者」、「票價」、「場地」等四個元素，思考資料的優先順序，把公演期間放大擺在醒目的位置。字體選擇細黑體「Gill Sans Nova Light」22，與標題文字做出區隔。接著，演出者及其他資料選擇基本的明體「ZEN オールド明朝 -M」23。順著放射狀參考線排列，考慮到易讀性與強弱對比，所以混合了直排與橫排 24。

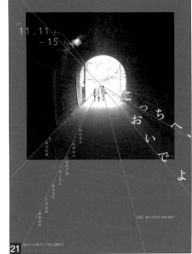

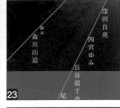
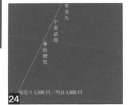

07 利用重點色的線條加強透視感，完成設計

為了讓畫面具有厚度，進一步強調透視感，而加上了包圍影像周圍與版面邊緣的線條 25。線條顏色選擇的是與綠色背景互為補色的洋紅色「M：100」，設定「寬度：1pt」，建立距離影像周圍 2.5mm、直徑 175mm 的正方形 26，還有距離 A4 邊緣 5mm 位置的縱長矩形 27 28。最後加上劇團名稱就完成了 29。劇團名稱選擇了與其他文字元素有一致性的明體「ZEN オールド明朝 -R」30，顏色和前面的線條一樣選用洋紅色。

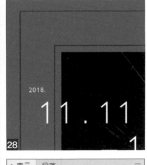

006
以文字造形設計為主角的搶眼海報

製作以文字為主視覺的海報設計。把部分文字變形，製造動態效果，並加工成圖像。

Ps CC 2021　　**Ai** CC 2021

CREATOR: Hayato Ozawa (cornea design)

何謂「文字造形設計」？

文字造形設計是指配合目的，以易讀且美觀的方式編排文字的技巧。結合了字體、文字粗細、文字大小、行距、文字的感覺、排版等各種元素，因此必須根據每個元素，做出符合目的的選擇。這是個知識與經驗非常深奧的世界，不過只要能徹底瞭解目的，磨練文字造形設計的功力，最後一定可以完成具有整體性的作品。

01 輸入文字並建立外框

此範例要把加工成圖像的文字當作設計主角，製作出 B5 海報。首先用 Illustrator 建立新文件，輸入黑色文字 **1**。這個範例從印象強烈的黑體中，選擇了免費的英文字體「Lovelo Black」。字體大小設為 86.5pt、行距為 69.67pt。此外，還利用「**設定選定字元的字距微調：-20**」，略微縮小整體的字距。調整完畢後，執行『**文字→建立外框**』命令 **2**。

02 使用「直接選取工具」選取文字的一部分再變形

接著要變形建立外框後的文字。用**直接選取工具 3** 選取想變形的錨點 **4**，再按住 Shift 鍵不放並往右方拖曳，水平延伸字母 **5** **6**。圖中為了延伸字母「P」，而選取「P」右側的錨點與右邊的「O」。其他字母也用相同的方式變形，變成圖像的感覺 **7**。這個範例是在縱長矩形外框內，以適當的比例變形字母。此外，若想用數值設定延伸的距離，在選取錨點後，可用往右的方向鍵移動位置。執行『**編輯→偏好設定→一般**』命令，就能利用「**鍵盤漸增**」設定方向鍵移動的距離 **8**。

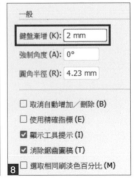

一般

鍵盤漸增 (K)：2 mm
強制角度 (A)：0°
圓角半徑 (R)：4.23 mm

☐ 取消自動增加／刪除 (B)
☐ 使用精確指標 (E)
☑ 顯示工具提示 (I)
☑ 消除鋸齒圖稿 (T)
☐ 選取相同刷淡色百分比 (M)

ONE POINT

假如想用現成的字體進行加工，請先確認字體的授權條件再執行。

03　把文字群組置入完成尺寸的外框內再加工

使用**矩形工具**繪製 B5 大小（182×257mm）的縱長外框，再置入文字群組。請選取所有文字，利用 [Ctrl] + [C]、[Ctrl] + [F] 鍵（Mac 是 [⌘] + [C]、[⌘] + [F] 鍵）拷貝＆貼至上層後，再把**填色**設定成**白色** 9 。在相同位置重疊兩個物件，變成上層的文字為白色，下層的文字為黑色的狀態。接著在**圖層**面板中，單獨選取下層的黑色文字群組 10 ，按住 [Ctrl] + [Alt]（Mac 是 [Option]）鍵不放並往右下方拖曳拷貝 11 。

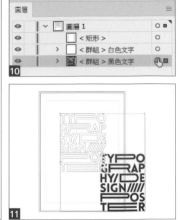

ONE POINT

選取重疊在下層的群組時，可以利用**圖層**面板，按下群組右邊的「○」符號（顯示狀態會變成「◎」）。假如要選取物件本身，使用**選取工具**按住 [Ctrl] 鍵（Mac 是 [⌘]）不放並按一下物件，就能依序選取游標位置下層的物件。

04　使用「漸變」功能讓文字變立體

選取白色文字群組，利用 [Ctrl] + [3]（Mac 是 [⌘] + [3]）鍵暫時隱藏起來。接著選取下層的黑色文字以及剛才往右下方拷貝的文字 12 ，執行『**物件→漸變→漸變選項**』命令，設定「**間距：指定階數**」、「**500**」 13 ，接著執行『**物件→漸變→製作**』命令 14 。再按下 [Ctrl] + [3]（Mac 是 [⌘] + [3]）鍵，重新顯示白色文字群組，文字就會呈現突出的立體狀態 15 。接著對「D」、「P」等幾個含有封閉空間的字母執行拷貝＆貼至上層命令，再改變「**填色**」 16 ，釋放複合路徑後，刪除外側的路徑，就會在封閉部分套用色彩 17 ，改變其中一部分的顏色當作重點。

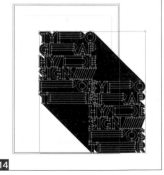

05 在背景置入色塊與 LOGO，完成基本設計

接著，要在背景覆蓋灰色的色塊，「填色」設為「K：20%」。執行『檢視→智慧型參考線』命令，再選取**矩形工具**，將游標移到設計作品框的中心，按下 Alt（ Option ）鍵＋按一下滑鼠左鍵，開啟**矩形**對話視窗，輸入「**寬度：162**」、「**高度：237**」，建立各邊距離 B5 尺寸20mm 的矩形 **18**，在設計框內側保留1cm 留白的灰色色塊 **19**。把色塊移至背景，在左下方置入 LOGO，即完成基本設計 **20**。

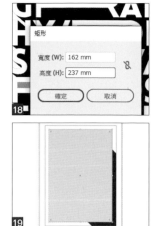

ONE POINT

對齊中心的方法，可在繪製矩形後，使用**變形**面板設定數值，移動到目的地，或是利用**對齊**面板設定水平居中、垂直居中。只要使用方便完成的方法即可。

06 分別移動各個部分在 Photoshop 中完成設計

此步驟要用 Photoshop 增加質感，完成設計。在 Photoshop 建立「**寬度：182 公釐**」、「**高度：257 公釐**」、「**解析度：350 像素／英吋**」的新文件，從 Illustrator 中，將各個物件拷貝＆貼上到個別的圖層內。**21** 是貼上灰色背景色塊的狀態。把 Illustrator 完成尺寸的外框路徑設定成「**筆畫：透明**」，和灰色色塊的路徑一起拷貝。由於外框和 Photoshop 的背景大小一樣，所以只要貼至左上方（X／Y 皆為 0 的位置），就能對齊。其他物件也同樣置入各個圖層內 **22** **23**。接著準備含有細緻纖維的紙張質地，放在灰色色塊的上層，為背景增添質感 **24**。針對這張影像執行『**影像→調整→色相／飽和度**』命令，套用「**飽和度：-100**」**25**。

07　在紋理套用遮色片　隱藏多餘的部分

裁剪降低飽和度後的紋理影像，變成和灰色背景一樣的大小，保留離設計框 1cm 的留白。在**圖層**面板中，選取紋理圖層，按住 Ctrl（⌘）鍵不放並按一下下層灰色色塊的縮圖 **26**，載入選取範圍 **27**。然後選取紋理圖層，按下**圖層**面板下方的**增加向量圖遮色片 28**，在選取範圍的外側加上遮色片，就會產生留白 **29 30**。

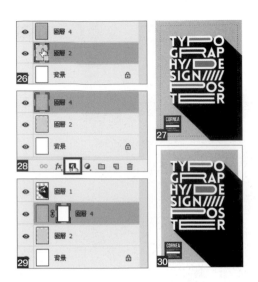

08　加上紋理並與整體融合，　就完成海報的製作

在**圖層**面板中，選取並拷貝全部的圖層，貼上之後再按下 Ctrl + E 鍵（Mac 為 ⌘ + E 鍵）合併拷貝後的圖層，繼續編修。首先執行『**濾鏡→像素→彩色網屏**』命令，設定「**最大強度：4 像素**」，加上類似印刷品的網點效果。**31** 是原始狀態，**32 33** 是濾鏡的設定畫面及套用後的狀態。由於這樣的效果太強烈，所以將圖層設成「**不透明度：20%**」**34**。再次準備上一頁 **24** 使用過的紋理影像，放置在最上層 **35**，執行『**影像→調整→負片效果**』命令 **36**，接著執行『**影像→調整→曲線**』命令，把影像調暗之後 **37**，將圖層設定為「**混合模式：濾色**」**38**，這樣紙張紋理就會變淺，與整體融合後就完成了 **39**。

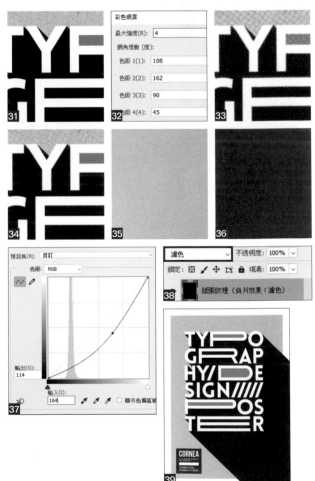

情に棹させば流される。智に働けば
角が立つ。どこへ越しても住みにく
いと悟った時、詩が生れて、画が出
来る。とかくに人の世は住みにくい。
意地を通せば窮屈だ。
とかくに人の世は住みにくい。
どこへ越しても住みにくいと悟った
時、詩が生れて、画が出来る。意地
を通せば窮屈だ。山路を登りながら、
こう考えた。智に働けば角が立つ。
どこへ越しても住みにくいと悟った
時、詩が生れて、画が出来る。智に
働けば角が立つ。
とかくに人の世は住みにくい。山路
を登りながら、こう考えた。とかく
に人の世は住みにくい。住みにくさ
が高じると、安い所へ引き越したく
なる。住みにくさが高じると、安い

使用留白製造緊湊感
完成印象強烈的版面

放大主要元素的強調手法極為常見，
不過若能善用留白技巧，就能進一步加強印象。

Ai CC 2021　CREATOR&PHOTO: Wataru Sano

007

1 BASIC

2 TYPOGRAPHY

3 COLOR

4 TITLE & MARK

5 PHOTOGRAPHY

6 DECORATION

💎 基本規則

留白

留白是資料量較多時，可以派上用場的實用技巧。當有大量資料時，往往會想把空白處填滿，但如果能大膽地縮小顯示資料以產生留白，反而可以將視線順利地引導到資料上。不過千萬別盲目編排資料，在置入資料後，必須考量到版面的「留白」。

01　決定版面大小，繪製外框　再置入主要影像

一邊思考留白方法，一邊建立雜誌報導的版面。要配置的元素包括主照片 **1**、報導標題與內文的文字 **2**。我希望利用照片與標題文字製造震撼感，在思考的過程中，我想到了「放置大型文字與照片」這個極為常用的手法。此方法的確不錯，但是這次我想特別使用「留白」的技巧。

此範例的雜誌版面為：橫長型 A4（297×210mm），使用 Illustrator 的**矩形工具**繪製完成尺寸的矩形。接著思考主影像的配置方法。在天地及左邊留白，不以滿版方式置入影像，一邊檢視整體比例，一邊使用「**填色：K100**」繪製正方形路徑 **3**。這是用來置入影像的外框，因此執行『**檔案→置入**』命令，載入影像並移到外框的下層。再同時選取影像與外框 **4**，執行『**物件→剪裁遮色片→製作**』命令，加上遮色片 **5**。

配置的元素：

1. 主照片 1 張

2. 報導標題

3. 內文的文字

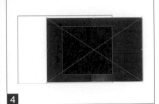

ONE POINT

善用快速鍵執行常用的操作會很有效率。「**置入影像**」的快速鍵是 Shift + Ctrl + P 鍵，「**置後**」是 Ctrl + [鍵，「**移至最前**」是 Shift + Ctrl +] 鍵，「**製作剪裁遮色片**」是 Ctrl + 7 鍵，「**釋放剪裁遮色片**」是 Alt + Ctrl + 7 鍵（Mac 請轉換成 Ctrl → ⌘、Alt → Option）。

02　考量文字的可讀性，　在留白部分編排文字

接著，在留白處輸入文字。文字的呈現方式有很多種，例如放在照片上。這次因為重視可讀性，所以在留白處簡單放置文字 **6**。此外，標題選擇英文字體「Franklin Gothic No. 2 Roman」（文字大小為上排 94pt，下排 72pt），內文使用「小塚ゴシック Pr6N」字體 **7**。把本文的行距設寬一點，增加閱讀的舒適性 **8**。

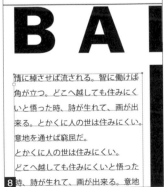

03 檢視照片與文字的比例，
並調整其裁切位置

檢視置入文字與照片的比例，調整照片的裁切位置。照片中的杯子＆盤子看起來像要掉下般，並放在桌子的邊緣，⑨ 是原始狀態，由於檢視的距離遠，所以杯子＆盤子比較小。這張照片中的桌子邊界在中央，給人一種在不穩定的狀態下，還能維持平衡的印象。⑩ 是調整後的狀態，在左邊大量留白，營造出「萬一掉下去的話……」，由於現在比之前的空間感更強烈，使得原本的五五平衡產生了變化，增添了緊張感。此外，圖 ⑨ 是從較遠的距離觀看，將照片拉近之後，主體變得較為強烈，並產生臨場感。

04 與沒有留白的版面做比較

⑪ 是沒有留白，以滿版方式置入照片的範例。主照片的中心與標題左右居中對齊。雖然這種設計也能帶來震撼感，但是能讓人感受到強大吸引力的應該是單側留白的圖 ⑩。⑪ 比 ⑩ 均衡穩定，但是 ⑩ 較具有動態、緊張感。

05 手動調整文字的間隔

最後反轉文字與背景的顏色，進一步突顯照片 ⑫。照片的留白部分與背景色融合，可以感受到寬敞的空間感。不論雜誌版面或照片，都能利用留白技巧（裁切方法）改變印象，請試著找出效果最好的配置方法。

1 BASIC
2 TYPOGRAPHY
3 COLOR
4 TITLE & MARK
5 PHOTOGRAPHY
6 DECORATION

光の果実

Kotaro TANAKA

田中 光太郎 著

Fruit of
the light

明後日出版

008
利用留白與物件的大小製造具有律動感的版面

調整留白與物件的大小，能為空間帶來律動感。此範例以錯落有致的方式安排文字與影像，製作書籍的封面。

Ps CC 2021　Ai CC 2021
CREATOR: Satoshi Kondo
PHOTO: Yoshimasa Kubo

◈ 基本規則

有律動感的設計

將形狀、大小、配色、留白等設計元素以「重複」的方式來表現，可以產生律動感。帶有律動感的設計不僅具有一致性，也能感受到易讀性及舒適感。你可以想像成音樂，如果律動不穩定，就無法跟上節奏。請利用大小、強弱來增添變化，或是刻意改變部分內容來達到吸睛效果。

01 在框內編排元素

啟動 Illustrator，執行『**檔案→新增**』命令，建立新文件。此範例要設計 A5 尺寸的書籍封面，設定「**寬度：148mm**」、「**高度：210mm**」的工作區域 **1**。接著，準備文字資料與影像，大致決定優先順序 **2**。主要的文字元素是「書名」與「作者姓名」。影像是配合書籍的概念，拍攝紫色馬鈴薯的剖面，並利用 Photoshop 去背後的影像。執行『**檔案→置入**』命令，把影像置入工作區域。

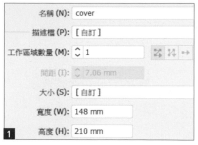

ONE POINT

開始著手設計之前，先整理需要的元素並決定先後順序是非常重要的工作。必須先釐清模稜兩可的部分，才能完成清楚、容易傳達訊息的設計。

02 拷貝影像、調整大小，並進行編排

此步驟要增加馬鈴薯的數量，以提升整體的豐富性。選取馬鈴薯影像，按住 Alt（Option）鍵不放並拖曳，即可拷貝物件。使用**選取工具**，按住 Shift 鍵不放並拖曳邊框四周的控點，調整大小 **3**。準備好大、中、小三個馬鈴薯物件後，以英文標題為主，評估整體比例，進行編排 **4**。標題的字體選擇「Frutiger Serif LT Pro Light Italic」**5**。

03 在大空間排列影像，利用三角形配置來製造律動感

為了讓畫面呈現出寬闊感，將影像旋轉成不同角度，擺放的位置可稍微超出書籍框外 **6**。此時，要注意調整方向及數量。此外，不截掉圖 **6** 左側的小馬鈴薯，保留其完整的影像。把連接影像重心的線條排成邊長不一致的三角形，也能製造律動感 **7**。

04 調整版面，讓留白與排列有規律性

加上日文書名與作者姓名，並調整版面。排列時要注意文字與影像之間的留白比例。這個範例為了讓整體產生律動感，不統一留白的大小。**8** 是用藍色圓圈顯示留白大小的狀態。讓較大的留白變得更大，較小的留白變得更小。此外，將直排的日文書名右邊線條與英文標題的開頭對齊 **9**，作者姓名的左側線條與左側的馬鈴薯對齊 **10**，盡量對齊能對齊的部分 **11**。即使是為了製造律動感而分散配置的元素，也要有一致性的規則，才能展現適當的統一感。此外，日文書名的字體是「ZEN オールド明朝 -M」**12**，作者姓名與出版社名稱是「ZEN オールド明朝 -B」，作者的英文姓名選擇「Frutiger Serif LT Pro Italic」字體。

05 在左下方大片留白置入出版社名稱即完成

最後加入出版社名稱就完成了 **13**。這裡選擇了「ZEN オールド明朝 -B」，在左下方輸入橫排文字。雖然是簡單低調的配置，卻能在書名與主影像排列得錯落有致的設計中，發揮區隔的作用。

TALK
SESSION
2018 申込不要 入場無料

会場　GFEDCBA SHOP
問合わせ　info@gfedcba.jp
主催：アサッテスタジオプログラム
企画・聞き手：朝倉真夜［ASP／コーディネーター］

春井 朝子　ASAKO HARUI
退屈と想像力
2018.10.20 Sat. 17:00-18:30

白本 夏史　NATSUSHI SIRAMOTO
対話という文化
2018.11.3 Sat. 17:00-18:30

上田 秋介　SYUSUKE UEDA
境界線を「越える」
2018.11.17 Sat. 17:00-18:30

5人での座談会
2019.1.19 Sat. 17:00-18:30

永友 冬美　HUYUMI NAGATOMO
これから先のまなざし
2019.1.12 Sat. 17:00-18:30

ASP

1 BASIC
2 TYPOGRAPHY
3 COLOR
4 TITLE & MARK
5 PHOTOGRAPHY
6 DECORATION

讓顯眼的數字成為
版面的關鍵

把代表資料順序的數字當作版面的主角，
在只有文字的設計中，製造變化與律動。

Ai CC 2021　CREATOR: Satoshi Kondo

009

01 整理活動宣傳單用的資料

此範例要置入圖 **1** 的資料，製作有強大訴求力的宣傳單，主要元素只有「活動名稱」、「活動內容」、「講座」、「主辦者名稱」等文字資料，沒有影像素材。首先整理資料並大致決定優先順序。啟動 Illustrator，執行『檔案→新增』命令，這次要製作 A4 尺寸的宣傳單，所以建立「寬度：210mm」、「高度：297mm」的新文件 **2**。

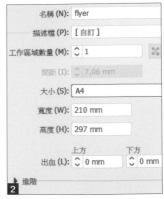

02 為了突顯數字，以強弱對比來安排版面

這個活動的講座共有五場，場次較多，而且沒有主視覺，所以利用數字來製作效果。首先，主資料要編排出強弱對比，再檢視整體的狀態 **3**。按照舉辦順序整理活動標題與講座內容並強調數字。接著從這個狀態開始加強變化與律動感，改變數字的字體，調整角度 **4**。

03 在頁面中繪製水平、垂直參考線，調整文字的位置

在整個頁面繪製間隔 3mm 的參考線，數字以外的文字資料都按照參考線調整位置 **5**。參考線可以用路徑建立 **6**，或執行『編輯→偏好設定→參考線及網格』命令，再執行『檢視→顯示格點』命令，將網格當作參考線 **7**。若要用路徑建立參考線，點選**鋼筆工具**在工作區域的上方畫出水平線後，在**選取工具**上雙按滑鼠左鍵，將「**垂直**」與「**距離**」設成「**3mm**」，按下 Ctrl（⌘）＋ D 鍵，以相同距離拷貝線條至最底下為止。用相同方法建立垂直路徑，完成格狀路徑後，選取全部的線條，執行『檢視→參考線→製作參考線』命令。

04 嘗試不同的配色

加入所有資料後要評估配色。這個範例在標題下方放置活動場地、聯絡窗口等活動資料，右下方置入主辦者的LOGO。配色以尋找可以讓人感受到歡樂的顏色為主，把黑色的文字資料當作基礎，試著搭配綠色 **8**、藍色 **9**、藍色與粉紅色雙色 **10**、帶黃色調的亮灰色 **11**，挑選能感受到明亮又略帶穩重感的色調，試著觀察呈現出來的結果。

05 決定設計方向後，加上底色即完成製作

經過考量，決定選擇綠色「C：100 Y：100」。在背景加上帶黃色調的灰色「Y：10 K：15」色塊，再把每場講座的標題由黑色改成綠色 **12**。此外，第五場講座綜合了第一場～第四場講座的內容，因此改成白底綠框的空心字當作重點 **13**。利用這種方法進一步突顯資料的優先順序後，就完成製作 **14**。

1 BASIC

2 TYPOGRAPHY

3 COLOR

4 TITLE & MARK

5 PHOTOGRAPHY

6 DECORATION

010
刻意不強調資料先後順序的宣傳單

隨意編排資料的大小與位置，不重視資料的先後順序，完成活潑、靈活度高的宣傳單。

`Ai` CC 2021　CREATOR: Satoshi Kondo

💎 **基本規則**

關於優先順序

依照優先順序顯示想傳達的資料是設計的基本原則。善用大小、顏色、留白等適合的方法分類資料，可突顯優先順序。這個範例刻意打破此項原則，不加上優先順序，讓觀看者的視線流動，營造出「這應該是能隨興享受各種節目的活動吧！」的印象。但是並非全部的內容都凌亂不一，關鍵在於必須清楚強調最重要的活動標題與代表內容的描述。只要掌握基本規則，就能刻意設計出這種效果。

01 建立宣傳單的基本版面，整理必要的文字

此範例要製作 B5 尺寸的溫泉祭宣傳單。請啟動 Illustrator，執行『**檔案→新增**』命令，建立「**寬度：182mm**」、「**高度：257mm**」的新文件 **1**。並以條列的方式列出需要的文字內容 **2**。

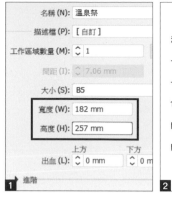

02 拆解文字元素，刻意選擇不同字體

把文字資料拆解成各個元素，斟酌內容，決定適合的字體。為了讓整個設計呈現不一致的印象，在不影響閱讀的情況下，選用幾種不同字體 **3**。這個範例使用的字體包括「角新行書 Std」（主題）**4**、「Karlie Regular」（英文主題）**5**、「Courier New Regular」、「Gill Sans Regular」（時間）**6**、「ヒラギノ角ゴ ProN」、「Noyh Slim R Extralight」（內容）**7** 等。祭典的主題設為粗體，以提高優先順序。

03 改變文字角度及組合方法進行編排

編排文字時，以直排、橫排、傾斜等方式排版，避免過於整齊，以營造不可思議的印象，而標語則沿著往右下方的斜線排列。首先決定傾斜角度，使用**鋼筆工具**描繪直線路徑 **8**，接著選取**路徑文字工具** **9**，在路徑上按一下 **10**，拷貝並貼上已經準備好的標語 **11**。此時，文字本身呈現非水平狀態，因此這裡要執行『**文字→路徑文字→階梯效果**』命令 **12** **13**。

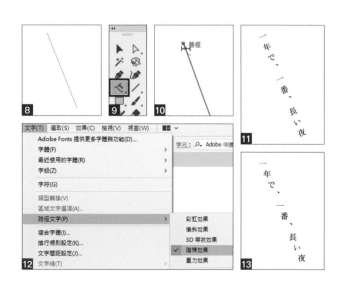

1 BASIC
2 TYPOGRAPHY
3 COLOR
4 TITLE & MARK
5 PHOTOGRAPHY
6 DECORATION

04 其他元素也以分散的方式 排版

此步驟要在標語旁邊加上裝飾用的虛線。請用**鋼筆工具**繪製路徑 **14**，勾選**筆畫**面板中的「虛線」項目，設定「虛線：0pt」、「間隔：4pt」**15** **16**。

17 是已經置入所有元素的狀態，呈現出沒有秩序的隨興氣圍，同時掌握了「維持各個元素的易讀性」、「先強調主題，再突顯內容中的『一日限定銭湯』標語（只顯示最低優先順序）」、「不傾斜所有文字，在幾個重要地方放置垂直、水平物件」（挑選優先順序較高的內容）等。

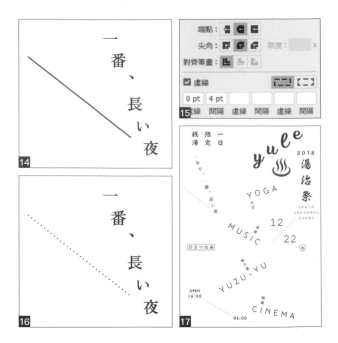

05 根據活動內容思考配色

由於這個活動是設定在夜晚舉辦，所以反轉顏色，把背景變成黑色，並將文字套用各種顏色 **18**。最後把背景的黑色色塊轉換成漸層就完成了 **19**。漸層的設定是上半部使用大片聯想到夜空的深紫色，下半部變化成能感受到祭典氣圍及群眾活力的橘色 **20**。橘色「M：70 Y：100」與主題及標題文字同色，產生連結 **21** **22**。

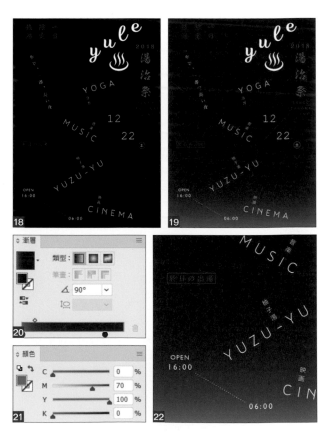

日日是好日

長い年月をかけて
自然の力でろ過して磨かれた
澄んだ水をそのままお届けします

UMAI
WATER

umaiwater.co.jp

011
刻意讓文字不對齊照片營造空氣感版面

此範例刻意不對齊元素，製作出不枯燥、有空氣感的版面。

Ps CC 2021　**Ai** CC 2021

CREATOR: Satoshi Kondo
PHOTO: Takehiro Matsuda

1　BASIC

2　TYPOGRAPHY

3　COLOR

4　TITLE & MARK

5　PHOTOGRAPHY

6　DECORATION

◈ 基本規則

「空氣感」的表現

我們的眼睛看不到「空氣」，卻能感受到「溫暖」、「寒冷」、「潮濕」、「乾燥」等溫度與濕度。我們也能憑感覺瞭解事物的狀態或關係所產生的「沉悶」、「沉穩」、「神經緊繃」、「悠閒」等「空氣」。如果能間接、妥善地表現出不在現場也能感受到的「空氣」，就能讓設計作品產生臨場感，令人留下更深刻的印象。讓我們一起來思考如何利用留白、配色等方法，表現出想要的空氣感。

日日是

01 準備主影像並置入完成框內

此範例要塑造礦泉水公司的品牌形象、尺寸為 B2 的海報。在 Illustrator 建立「**寬度：515mm**」、「**高度：728mm**」的新文件，執行『**檔案→置入**』命令，置入要用到的影像 **1**。接著，裁切影像去除多餘的部分。

裁切步驟是使用**矩形工具**繪製包圍影像必要部分的正方形路徑 **2**，同時選取影像及路徑，執行『**物件→剪裁遮色片→製作**』命令，把裁切後的影像放在畫面的左上方 **3**。不統一上下左右的距離可以強調不穩定感。

02 編排時不對齊文字元素，製造流動感

排列品牌的口號「日日是好日」 **4**。這個範例把每個文字分開，讓文字之間的距離、影像與頁面邊緣的距離都不一致 **4**。此時，刻意把部分文字放在影像上，製造遠近感。此外，從能與水面印象產生連結，呈現墨水暈開效果的明朝體中，選擇了略帶晃動感的「秀英にじみ明朝 StdN L」字體。接著置入標語，同樣不對齊行首、行尾，盡量排列出能感受到流動氛圍的版面 **5**。在文字背後加入白色色塊，重疊在影像上，增加厚度，讓人感受到與白色背景連接的寬敞空間，避免畫面顯得平坦、不立體。

最後加入品牌的標誌、URL 等少量的資訊就完成了 **6 7**。把主影像、口號、標語放在上半部是因為設計的重心位於中心或上面，考量整體比例平衡後，才這樣配置。在此同樣不統一頁面邊緣的留白。

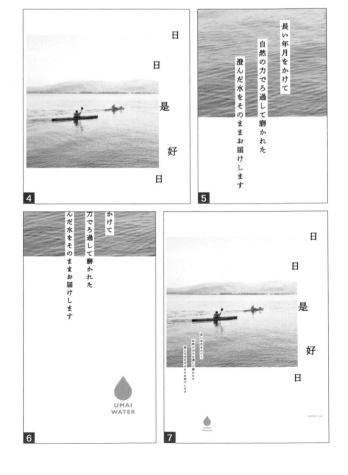

1 BASIC

2 TYPOGRAPHY

3 COLOR

4 TITLE & MARK

5 PHOTOGRAPHY

6 DECORATION

整合主題與照片的海報版面

將英文主題與照片融體在一起，當作設計的主角。
想傳達的用詞與概念合而為一，能讓人留下更強烈的印象。

Ps CC 2021　Ai CC 2021　CREATOR: Hayato Ozawa (cornea design)

012

01 編修建立外框後的文字

在 Illustrator 開啟新文件，製作主題LOGO。首先輸入文字，執行『**文字→建立外框**』命令 **1**。如果文字組成群組，只要執行『**物件→解散群組**』命令即可。接著將文字的「**筆畫**」與「**填色**」皆設成黑色，並設定「**寬度：10pt**」**2**。一個字母的大小約為22×36mm 左右。接著使用**選取工具**選取一個字母 **3**，按住 [Shift] + [Alt]（Mac 是 [Shift] + [Option]）鍵不放並往右上方拖曳，拷貝字母 **4**，接著利用 [Ctrl] + [C]、[Ctrl] + [F]（Mac 是 [⌘] + [C]、[⌘] + [F]）鍵，拷貝＆貼至上層，並更改設定「**筆畫：無**」、「**填色：白色**」**5**。在白色字母的下層重疊寬度較大的黑色字母，形成空心字狀態。

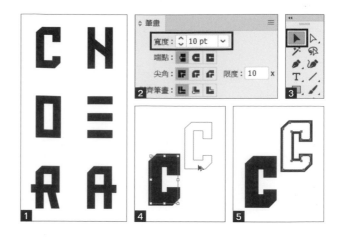

ONE POINT

執行『**物件→組成群組**』命令的快速鍵是 [Ctrl] + [G]（Mac 是 [⌘] + [G]）鍵，「解散群組」是 [Shift] + [Ctrl] + [G]（Mac 是 [Shift] + [⌘] + [G]）鍵。這是很常用的功能，請先把快速鍵記下來。

02 利用「漸變」功能讓文字產生深度

選取白色字母，執行『**物件→鎖定→選取範圍**』命令，或使用快速鍵 [Ctrl] + [2]（Mac 是 [⌘] + [2]）鍵。同時選取鎖定字母下層的黑色字母與原始的黑色字母，執行『**物件→漸變→漸變選項**』命令，設定「**指定階數：200**」**6**。接著執行『**物件→漸變→製作**』命令，字母之間就會以黑色平面連接，變成立體字母 **7**。其他字母也用相同方法變立體 **8** **9**。圖中的字母「C」是往右上方 45 度拷貝後，再產生深度，但是其他字母則根據整體比例，改變方向與角度。

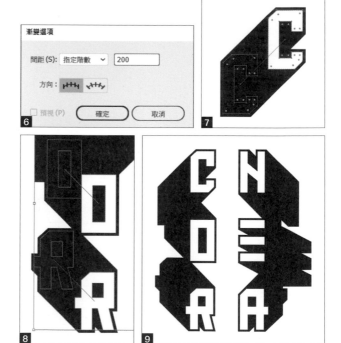

03 拷貝漸變物體填補中央的空隙

所有字母都編修完成後，同樣用漸變物件填滿左右中央的空白部分。首先選取上面右邊的字母「N」漸變物件，使用**鏡射工具**按住 [Alt]（Mac 是 [Option]）鍵不放並按一下物件左邊的錨點 **10 11**，設定「**座標軸：垂直**」，並按下「**拷貝**」鈕 **12 13**。

04 展開拷貝出來的漸變物件並整理路徑

選取反側拷貝出來的漸變物件，執行『**物件→漸變→展開**』命令 **14**。由於漸變部分重疊了無數路徑，因此利用**路徑管理員**面板的「**形狀模式：聯集**」整合路徑 **15 16**。接著執行『**物件→路徑→外框筆畫**』命令，取得包含寬度的物件外圍 **17**，再次套用「**形狀模式：聯集**」**18**。這樣就會從漸變物件變成只有填色的簡單路徑。

按照相同的操作方式，拷貝中間與下面的漸變物件，填補中央的空隙，並展開、整理路徑 **19 20**。此外，**20** 不反轉下面左邊的「R」漸變物件，直接拷貝，填補空隙。整理路徑時，稍微縮短深度。

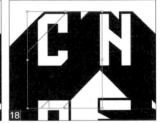

05 展開所有漸變物件簡化路徑

分別展開所有字母的漸變物件，合併之後，變成只有填色的簡單路徑。**21** 是調整完畢的狀態，**22** 是在相同狀態下，執行『**檢視→外框**』命令，變成外框檢視模式後的結果。

1 BASIC

2 TYPOGRAPHY

3 COLOR

4 TITLE & MARK

5 PHOTOGRAPHY

6 DECORATION

06 準備要用的照片並開啟 Photoshop 編修

準備要與主題文字合成的照片素材，並用 Photoshop 來調整照片。這個範例要在各個字母代表深度的黑色平面組合黑白色調照片，因此準備了六張照片。由於原始照片是彩色的 **23**，因此分別利用**圖層**面板的**建立新填色或調整圖層**，新增「黑白」調整圖層 **24** 設定值沿用預設值即可 **25**，將照片調成黑白色調後，再利用「**亮度／對比**」調整圖層提高對比 **26 27 28**。其他照片也是相同的作法 **29 30**。

07 回到 Illustrator，置入照片嵌入字母的黑色部分

回到 Illustrator，建立 B5 海報的完成框（182×257mm），置入主題 LOGO，在各個字母的黑色部分嵌入照片 **31**。操作步驟是先執行『**檔案→置入**』命令，置入影像，根據要組合的字母，調整影像的位置及大小。接著執行『**物件→排列順序→移至最後**』命令，傳送到字母的下層。同時選取字母的黑色深度部分與影像 **32**，在此狀態下，執行『**物件→剪裁遮色片→製作**』命令，即可使用黑色部分的路徑形狀剪裁影像 **33**。

08 在所有字母的深度部分合成照片

利用前面說明的步驟置入影像，建立剪裁遮色片，把照片嵌入各個字母的深度部分 。步驟 03 填補中央空隙的路徑也同樣嵌入照片 。檢視照片的比例，並調整物件的前後關係。

ONE POINT

若要調整物件的前後關係，可以在**圖層**面板執行操作，或使用能直覺完成的快速鍵。執行『**物件→排列順序→置後**』命令的快速鍵是 Ctrl + [鍵，**移至最後**是 Shift + Ctrl + [鍵，**置前**是 Ctrl +] 鍵，**移至最前**是 Shift + Ctrl +] 鍵（Mac 是把 Ctrl 變成 ⌘ 鍵）。

09 輸入文字，在主要區域重疊灰色色塊即完成

輸入海報中需要的文字。為了突顯主要物件，文字選擇清楚易讀的字體，編排得較為低調 。日文選擇「見出ゴ MB1 Std DeBold」字體，英文選擇「Lovelo Black」字體 。最後在主要區域疊上淺灰色色塊，進一步突顯主角就完成了，其作法是：選取**矩形工具**，按住 Alt （Mac 是 Option ）鍵不放並按一下海報框的中心點。接著在**矩形**對話視窗中，輸入「**寬度：170mm**」、「**高度：236mm**」，建立矩形路徑，與 B5 框的左右兩邊約有 6mm 的留白 。垂直位置的中心略微往上，放在距離上邊 6mm 的位置，在下面保留 15mm 的留白，置入文字資料。將此矩形路徑設為「**填色：K10**」之後 ，在**透明度**面板中，設定「**漸變模式：色彩增值**」，與下層融合，就完成了 40 41。

1 BASIC

2 TYPOGRAPHY

3 COLOR

4 TITLE & MARK

5 PHOTOGRAPHY

6 DECORATION

013
置入傾斜
文字與照片
的免費刊物
封面設計

傾斜文字與照片，製造律動感，設計出別出心裁的免費刊物封面。

Ai CC 2021
CREATOR&PHOTO: Satoshi Kondo

◆ 基本規則

製作視覺焦點

設計上的「視覺焦點」是用來吸引觀看者的目光，讓觀看者對內容產生興趣或關注。最常用的方法是在開頭放置醒目的影像，但是利用形狀、顏色、排版方法，設計出跳脫固定節奏或原則的重點，就能把該部分變成視覺焦點。這個範例刻意打破筆直排列、不重疊文字等既定原則，讓標語成為視覺焦點。此外，傾斜元素，展現律動感的整體設計也格外引人矚目。

01 建立封面用的基本版面　並置入影像

此範例要製作的是 B5 尺寸的免費刊物封面設計，主題為「**減量**」的生活方式。請在 Illustrator 建立「**寬度：182mm**」、「**高度：257mm**」的新文件，置入單元主題與影像 **1**。執行『**檔案→置入**』命令置入影像後，使用**矩形工具**繪製包圍必要部分的正方形路徑，同時選取影像與路徑，執行『**物件→剪裁遮色片→製作**』命令，裁剪影像 **2 3**。

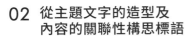

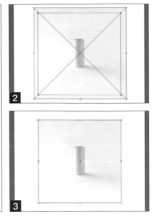

02 從主題文字的造型及　內容的關聯性構思標語

主題「減らす（へらす）」與「暮らす（くらす）」只有一字之差，而且平假名「へ」與「く」的形狀類似，利用這兩點，把這個字當成標語，設計成主標題 **4**。字體改成明朝體，執行『**文字→建立外框**』命令，建立外框後再分散文字 **5**。

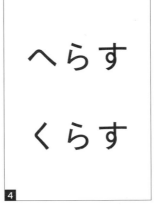

03 傾斜主題文字製造律動感　並思考配色

使用**旋轉工具**傾斜文字 **6**，尋找可以當成「へ」，也能變成「く」的形狀 **7**。同時也傾斜「ら」與「す」，製造律動感 **8**。接著評估配色。使用的影像偏白色而且簡單，整體感覺有點單調。因此傾斜影像增添變化，在背景加上色塊，變成簡約又有深度的畫面 **9**。在背景置入和完成尺寸一樣大的矩形路徑，「**填色**」設定為淺灰色「**C：10 M：10 Y：10**」。

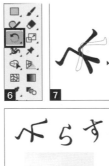

1 BASIC

2 TYPOGRAPHY

3 COLOR

4 TITLE & MARK

5 PHOTOGRAPHY

6 DECORATION

04　一邊檢視整體比例，
　　　一邊調整版面

接著，進一步增加畫面的厚度並調整版面。建立和裁切影像相同尺寸、直徑為 115mm 的正方形路徑，「填色」設為白色，置於影像下層 ，再略微調整角度，讓正方形傾斜 。

ONE POINT

使用**旋轉工具**可以旋轉物件，但是使用邊框也很方便。執行『**檢視→顯示邊框**』命令，能顯示或隱藏邊框（ Shift ＋ Ctrl ＋ B 鍵，Mac 是 Shift ＋ ⌘ ＋ B 鍵）。

05　加上直排的主題文字

在白色矩形上，置入直排主題並與部分影像重疊，增加厚度  。「へらす」與「くらす」主要的功能是標語，當作文字資料傳達的只有關鍵字，所以把能瞭解單元內容的主題放在容易閱讀的位置。

06　加入其他資料，完成設計

最後加入發行月份或期數等必要資料後即完成  。這些元素也略微往右上或右下旋轉，調整元素的角度可以使版面不呆板。

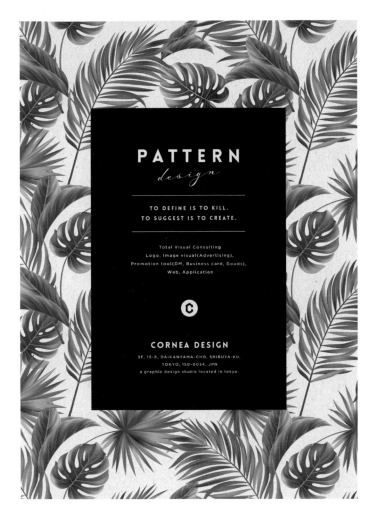

014
在背景套用圖樣的繽紛海報

在背景放置大型圖樣，可以增強視覺的震撼力。文字部分用黑色底色襯托，可讓資料清楚易讀。

Ps CC 2021　**Ai** CC 2021

CREATOR: Hayato Ozawa (cornea design)

1 BASIC

2 TYPOGRAPHY

3 COLOR

4 TITLE & MARK

5 PHOTOGRAPHY

6 DECORATION

◆ 基本規則

善用圖樣豐富背景

在背景或部分的設計套用圖樣，能融入該圖樣的印象，呈現繽紛華麗的效果。這個範例是在整個作品套用符合設計概念的圖樣，強化印象。疊上文字時，必須斟酌與圖樣的比例，避免影響文字的辨識度與可讀性。此外，大面積使用圖樣時，反覆顯示相同圖樣可能會顯得單調，假如沒有特殊目的，請注意加上強弱對比。

01 在 Illustrator 中，建立新文件並置入原始素材

在 Illustrator 建立新文件，置入成為原始圖樣的素材。在此準備了幾種植物的葉子插圖 **1**。這些植物葉子插圖是使用 Illustrator 的漸層網格功能繪製的 **2**。分別繪製葉子及莖部的外框，接著執行『**物件→建立漸層網格**』命令，或使用**網格工具**，把各個物件變成網格物件，最後將上色完成的物件組合起來 **3 4**。

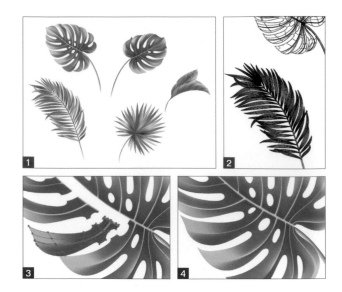

02 隨機排列素材再調整成邊緣彼此相連的狀態

使用**矩形工具**建立大小適中的正方形路徑，把正方形路徑當作外框，將素材隨機放置在框內 **5**。為了將物件製作成圖樣，調整成上下左右無接縫的狀態。首先，利用**資訊**面板確認正方形路徑的大小 **6**，選取超出方框左邊的素材 **7**，執行『**物件→變形→移動**』命令，或在工具列的**選取工具**上雙按滑鼠左鍵，開啟**移動**對話視窗，在「**水平**」輸入和正方形外框相同大小的數值，接著按下**拷貝 8**。這樣左邊突出的部分就會與右邊相連 **9**。

按照相同步驟，把所有超出外框的物件都拷貝至相反側 **10**。另外，若想把右邊物件移動、複製到左邊，下方物件移動、複製到上面，只要輸入負值即可。完成後，對正方形外框執行『**物件→排列順序→移至最前**』命令，把正方形框移到最上層，選取所有物件，執行『**物件→剪裁遮色片→製作**』命令，隱藏超出外框的部分 **11**。

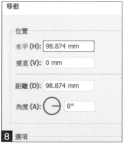

ONE POINT

假如想將圖樣變成 Illustrator 的圖樣色票，請在步驟 02 的 **5**，執行『**物件→圖樣→製作**』命令，就能自動製作出無接縫的圖樣。在**圖樣選項**面板中，可以調整排列方法及間隔。不過，由於此範例的素材排列順序複雜，還要進入 Photoshop 中處理，所以利用手動的方式製作無接縫圖。

03 將圖樣載入 Photoshop 並擴大成必要的面積

請在 Photoshop 中建立新文件，並把 Illustrator 的圖樣拷貝＆貼上到 Photoshop 中 **12**。此範例要製作 B5 尺寸的海報，因此建立 182×257mm 的新文件。拷貝影像圖層，使用**移動工具**調整位置，並將圖樣排滿整個版面 **13 14**。

04 根據設計風格調整 圖樣的色調

接著要調整圖樣的色調。在選取最上層圖層的狀態，按下**圖層**面板下方的**建立新填色或調整圖層**，執行『**相片濾鏡**』命令 **15**，在**內容**面板中選取「濾鏡：Cooling Filter (80)」、「密度：100%」**16**，這樣整體影像就會變成藍色調 **17**。將這個調整圖層設為「**不透明度：52%**」，與原始影像的色調融合，變成帶有藍色調的綠色影像 **18 19**。

1 BASIC

2 TYPOGRAPHY

3 COLOR

4 TITLE & MARK

5 PHOTOGRAPHY

6 DECORATION

05　使用曲線進一步調整色調

新增「**曲線**」調整圖層，「**藍**」色版的曲線中間略多，所以只把「**綠**」色版的中間略微往上提高，增加青色調，稍微降低「**RGB**」色版的中間部分，以加深顏色 **20** **21**。為了變成略微鮮豔的青色調，選取全部的圖層，按一下**圖層**面板下方的**建立新群組**鈕，整合成一個群組，接著拷貝群組，在拷貝出來的群組中，把「**相片濾鏡**」調整圖層設為「**不透明度：100%**」，恢復成圖 **17** 的青色調，再將群組的「**不透明度**」降低為「**42%**」，淺淺地疊在下層原始群組上 **22** **23**。

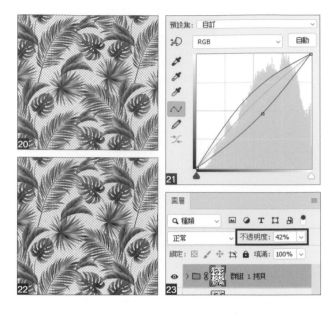

06　合成紙張紋理，
　　　營造略粗糙的質感

準備紙張紋理素材，並放置在最上層 **24**，圖層設定為「**混合模式：色彩增值**」，與下層的圖樣混合 **25**。在整體加入略微粗糙的微妙變化 **26**。

07　在黑色背景編排白色文字
　　　襯托整體設計即完成

使用 Illustrator 編排文字，再置入以 Photoshop 調整完成的圖樣，置中對齊，接著使用**矩形工具**建立縱長矩形，設定「**填色：K100**」，用黑色背景襯托大型圖樣，再放上白色的文字與線條就完成了 **27** **28**。

1 BASIC

2 TYPOGRAPHY

3 COLOR

4 TITLE & MARK

5 PHOTOGRAPHY

6 DECORATION

015

詮釋懷舊感的演奏會宣傳單

此範例要製作復古的美式風格宣傳單。利用大膽的文字配置及粗顆粒效果，就能呈現出這種風格。

Ps CC 2021   **Ai** CC 2021

CREATOR: Hayato Ozawa (cornea design)

◆ 基本規則

「風格」表現

在設計工作中，通常需要某種「風格」表現。這個範例中的泛黃紙張質感、印刷網點風格的處理等，是復古風格常用的手法。不過有這種建立一定「類型」的情況，也有尋找不同表現、營造氛圍的情形。請評估要如何找出特色，並加入表現中。

01 在 Illustrator 中，建立新文件，輸入及編輯文字

在 Illustrator 建立 A4 尺寸的新文件，輸入海報的主要文字 **1**。文字顏色設為**白色**，字體選擇「SteelfishEb Regular」，字體大小為 132pt。在下層置入「**C：10 M：90 Y：96 K：0**」的紅色色塊路徑。接著，選取文字，執行『**物件→封套扭曲→以彎曲製作**』命令，設定「**樣式：旗形**」，讓文字變成波浪狀 **2 3**。之後執行『**物件→展開**』命令，先轉換成路徑。

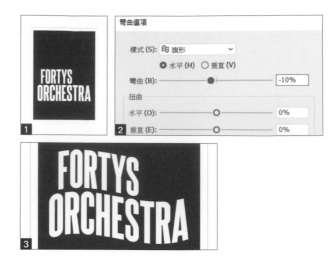

02 利用漸變功能讓文字變立體

將文字的「**筆畫**」設為黑色「**K：100**」。接著利用 [Ctrl]（[⌘]）＋ [C]、[Ctrl]（[⌘]）＋ [B] 鍵，拷貝＆貼至下層後，直接按住 [Shift] 鍵＋拖曳，將文字往左下方移動，「**填色**」設為「**K：100**」黑色 **4**。執行『**物件→漸變→漸變選項**』命令，將「**間距：指定階數**」設為「**50**」**5**，選取全部的文字，執行『**物件→漸變→製作**』命令 **6**，完成波浪狀的立體文字。

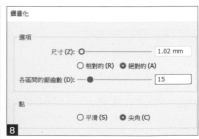

03 把圓形路徑變成鋸齒狀並裝飾在文字的下層

在成為視覺焦點的文字下層置入鋸齒狀裝飾。首先把「**填色**」設定為「**K：100**」黑色，使用**橢圓形工具**繪製正圓形路徑。接著在中央置入白色文字 **7**，選取正圓形路徑，執行『**效果→扭曲與變形→鋸齒化**』命令，設定「**點：尖角**」**8**，這樣圓形的輪廓就變成鋸齒狀 **9**。

04 編排其他文字後，使用 Photoshop 處理主影像

繪製 A4 海報的完成尺寸「**寬度：210mm**」、「**高度：297mm**」的矩形框，編排所有文字 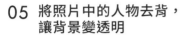。思考懷舊美式海報或招牌等風格，使用各種字體，大膽配置版面。調整紅色色塊的大小，留下離完成尺寸框左右與下方 8mm 的留白。配置完畢後，啟動 Photoshop，準備影像 **11**。執行『**影像→模式→灰階**』命令，先調整成黑白調。

05 將照片中的人物去背，讓背景變透明

為了單獨將照片中的人物去背，置入海報中，要先將背景變透明。首先使用**筆型工具**建立包圍人物的路徑 **12** **13**，按一下**路徑**面板下方的**載入路徑作為選取範圍**，建立選取範圍 **14**。接著在**圖層**面板按一下**增加圖層遮色片**（假如影像位於**背景**圖層則為**增加遮色片**）**15**。這樣就完成人物去背的步驟 **16**。為了執行下個步驟，先將這個圖層隱藏起來，拷貝該圖層，執行『**圖層→圖層遮色片→套用**』命令，先合併遮色片與圖層。

06 重疊「濾色」混合模式的影像，稍微調亮影像

拷貝一份去背後的影像圖層，設定「**混合模式：濾色**」**17**，先將影像略微調亮 **18**。

1 BASIC

2 TYPOGRAPHY

3 COLOR

4 TITLE & MARK

5 PHOTOGRAPHY

6 DECORATION

07 加上印刷品的粗網點效果，營造懷舊感

同時選取並拷貝去背後的影像與及設定成**濾色**混合模式的影像圖層，執行『**圖層→合併圖層**』命令 (Ctrl (⌘) + E 鍵)，整合成一個圖層。

針對這個圖層執行『**濾鏡→像素→彩色網屏**』命令，加上網點效果 ，設定「**混合模式：覆蓋**」，與下層影像混合 ，完成宛如古老印刷品般的粗網點風格 。

08 把編修後的影像置入 Illustrator

完成照片編修後，儲存成 Photoshop 格式 (.psd)。回到 Illustrator，執行『**檔案→置入**』命令，載入剛才儲存的影像，進行排版  。

09 利用泛黃紙張紋理加強懷舊感即完成

準備古老紙張的影像 。如圖所示，日曬後的斑駁紋理常用來表現懷舊氛圍。把準備好的影像放在海報的最上層，在**透明度**面板，設定「**漸變模式：色彩增值**」，與下層混合後，即完成 。

river

PASTA

1 BASIC

2 TYPOGRAPHY

3 COLOR

4 TITLE & MARK

5 PHOTOGRAPHY

6 DECO

016
把分解後的文字製作成 LOGO 當作設計主角

分解日常生活中熟悉的中文字，再重新排列組合，可以製作出吸睛效果的物件（圖形）。

Ai CC 2021　CREATOR: Wataru Sano

◆ 基本規則

把文字當作意象使用

文字本身有其意義。例如「山」、「川」分類成象形文字，「上」、「下」歸類為指事文字，許多文字只看到字體的形狀，就能產生聯想。如果有符合傳達內容的文字，可以將文字融入圖畫中，在產生視覺震撼效果的同時，也能傳達意義。

※「木」是象形文字、「林」、「森」是會意文字

01 準備當作物件基礎的「文字」

首先，準備製作物件用的「文字」。筆畫粗細、長度、形狀會隨著字體而改變，請先設定幾種不同字體再做選擇。在此挑選了「見出しゴシックMB31」、「筑紫ゴシック」、「新ゴシック」、「教科書体」、「秀英角ゴシック」、「みんなの文字」六種字體 **1**。接著，拷貝各個文字，當作分解文字前的準備工作，執行『**文字→建立外框**』命令，將文字外框化 **2**。最後選擇了簡單的「みんなの文字ゴ std L」字體當作基本形狀 **3**。

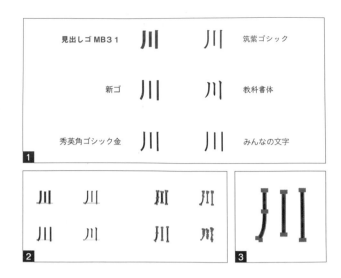

02 編排可以當成文字，也能當成圖形的形狀

中文字有許多是由「畫」的形狀轉變而成。考量到文字的來由，把「文字」分解成「畫」。其關鍵是「看起來像文字」，而且「看起來也像是成為創造出文字契機的『畫』一樣」。首先，把文字變形成縱長型 **4**，執行『**檢視→參考線→製作參考線**』命令 Ctrl （ ⌘ ）＋ 5 鍵），當作底圖。接著注意原始的字體形狀，使用**鋼筆工具**描繪線條 **5**。

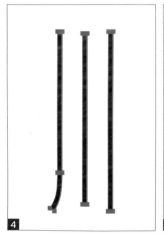
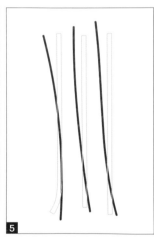

03 從成為文字起源的「畫」開始想像主色

此範例要製作使用 LOGO 的設計，當作義大利麵店的廣告工具。把 LOGO 當作主角，設定主色 **6**。從成為文字「川」來源的「畫」中，發揮想像力，決定主色。像這樣，讓每個元素趨近於「畫」，讓設計具有深度。最後輸入必要的文字就完成了 **7**。設計出商店名稱「川」字與主力商品「義大利麵」意象相通的作品。

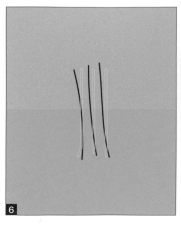

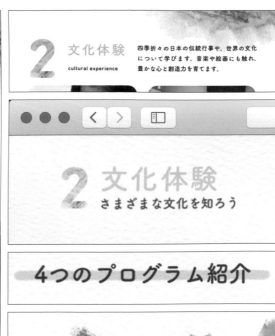

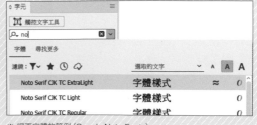

1 BASIC

2 TYPOGRAPHY

3 COLOR

4 TITLE & MARK

5 PHOTOGRAPHY

6 DECORATION

讓呈現在各種媒體上的字體及裝飾風格有一致性

在平面媒體及網站等其他媒體都需要執行設計時，
使用共通的文字與裝飾，可以讓設計產生一致性。

A1 CC 2021 CREATOR: Wataru Sano

017

💎 **基本規則**

使用網頁字體

以往網頁的文字顯示仰賴使用者本機內建的
字體。因此，在平面媒體可以隨意選擇字
體，但是設計網頁時，必須從有限的選擇中
挑選字體。最近出現了許多網頁與平面媒體
都能共用的字體，請善加運用，統一整體的
設計。

字元	≡
🔠 觸控文字工具	
🔍 no	⊗ ∨
字體　尋找更多	
濾鏡: ▼∨ ★ 🕐 ⟳	選取的文字　∨ A A A
Noto Serif CJK TC ExtraLight	字體樣式　≈　0
Noto Serif CJK TC Light	字體樣式　　0
Noto Serif CJK TC Regular	字體樣式　　0

※ 網頁字體的範例 (Google Noto Fonts)

01 一起來確認可以使用的網頁字體

網路媒體和平面媒體最大的差別在於，文字及版面的顯示結果會隨著瀏覽器等使用者環境而改變。平面媒體就算使用了豐富的字體，若要顯示在網站上，只能以影像格式貼上。影像化之後，平面媒體與網頁能使用同樣的字體，不過缺點是無法搜尋，修改起來很費工。使用網頁字體能讓平面與網頁共用字體，統一外觀呈現出來的印象。**1** 是 Adobe 與 Google 共同開發的網頁字體「Noto Sans CJK JP」。在 **2** 的網頁中 (https://www.google.com/get/noto/)，可以下載包含中文在內的各國語言字體。

02 掌握字體的優缺點，決定可否使用

統一網頁與平面媒體時，支援中文的常用網頁字體包括前面提過的「Noto Sans」、「Google Fonts」等。此外，支援日文漢字的常用字體有 Mac 與 Windows 的裝置字體「游ゴシック」、「游明朝」及 Morisawa 的「TypeSquare」**3**、Softbank Technology 的「FONTPLUS」等付費字體。請斟酌方便性與成本高低，慎重選擇。

4 ～ **8** 非網頁字體，卻是讓平面媒體與網頁具有一致性的設計範例。**4**、**5** 是用來介紹學校的手冊設計。其中帶有弧度的字體，以及使用了主色的顏料風格文字與裝飾也能與網頁共用 **6 7 8**。對於看過平面媒體或網頁的人，或同時看過兩者的人，可傳遞一致的形象。

2

本章整理了純粹用文字構成
的設計、排版或對齊技巧，以
及處理英、日文字體的方法。

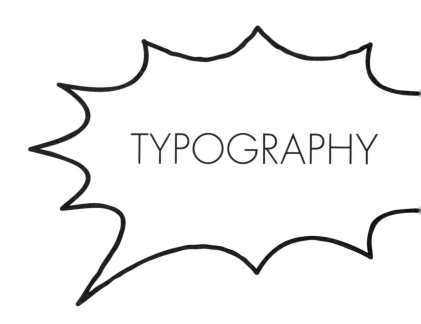

TYPOGRAPHY

大膽地配置文字
營造熱鬧的氛圍

假如要設計舞台劇海報的視覺，
利用動態文字排版可以讓頁面充滿躍動感。

018

Ps CC 2021　Ai CC 2021　CREATOR: Malko Ueda　PHOTO: Takanori Fujishiro

01 製作基本版面

在 Illustrator 建立新的 A4 檔案後，使用**矩形工具**繪製和工作區域相同大小的矩形。接著執行『**物件→路徑→位移複製**』命令，設定「**位移：-10mm**」，建立較小的矩形，當作參考線 **1**。在編排照片的部分置入灰色矩形物件。照片之間保留水平 3mm、垂直 3mm 的留白 **2**。

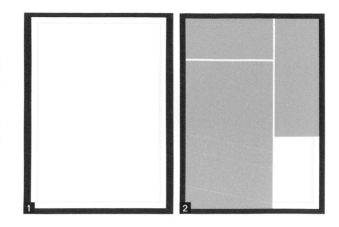

02 編排文字

左上方的標題「DOT.」**3** 設定成「**填色：白色**」、「**筆畫：黑色 2pt**」，與其他文字做出區隔。**3** 的「DOT.」左側對齊參考線，讓「O」的中央與灰色矩形的上邊重疊。縮小上面的灰色矩形，讓「DOT.」與上面的矩形有 10mm 的留白。繪製直徑約 66mm 的圓形，使用**路徑文字工具**輸入地點與時間的元素「THEATER TOKYO 12.24. MON」，讓文字排列成圓形 **4**。複製「DOT.」文字並放在工作區域下方，故意切掉部分文字來排列，可利用剪裁遮色片來隱藏多餘的部分 **5**。在右上方放置旋轉了 -90 度的文字 **6**。這個範例使用了空心字、直式文字、圓形文字、只顯示部分文字等不同的配置方法，讓整個版面顯得生動活潑。

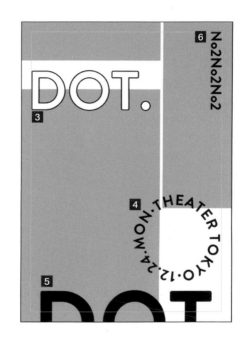

ONE POINT

剪裁遮色片是將一個物件的形狀遮在其他物件上，只顯示遮色片內的區域，其優點是不必真的裁切物件，只是暫時遮住不想露出來的部份。遮色片可以由一般路徑、複合路徑或文字所構成。

要被遮住的物件

星形是當作「遮色片」的物件
※ 放置在要被遮住的物件上層

1 BASIC

2 TYPOGRAPHY

3 COLOR

4 TITLE & MARK

5 PHOTOGRAPHY

6 DECORATION

03 用網點裝飾照片

在 Photoshop 開啟照片，套用網點（Dot）效果，就像刊登在報紙上的照片。執行『**影像→模式→灰階**』命令，轉換影像，接著執行『**影像→調整→色階**』命令，移動滑桿，稍微加上明暗差異 **7**，此範例設成「**陰影：118**」、「**中間調：1.23**」。

編註：因著作權關係無法提供此照片素材，請自行使用其他照片來練習。

接著，執行『**影像→模式→點陣圖**』命令，設定「**解析度：輸出 350 像素 / 英吋**」、「**方法：半色調網屏**」**8**，按下**確定**鈕，就會開啟**半色調網屏**對話視窗，設定「**網線數：20 直線 / 英吋**」、「**角度：45 度**」、「**形狀：圓形**」，再按下**確定**鈕 **9**，就會用圓點裝飾照片 **10**。如果要調整圓點的尺寸，可以調整半色調網屏的「**網線數**」，或在變成點狀圖之前，調整照片的對比或亮度，製作出想要的效果。「**形狀**」設定成「**直線**」、「**交叉**」，可以獲得不同的效果。

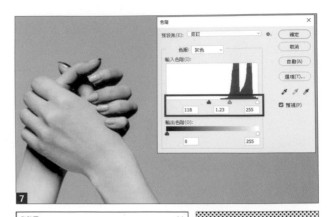

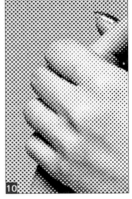

04 編排照片

在 Illustrator 的基本版面中，置入步驟 03 所製作的照片 **11**，再進行裁切調整。執行『**物件→排列順序→移至最前**』命令，將灰色物件放在照片的上層，同時選取灰色物件與照片，建立剪裁遮色片，裁切照片。為了讓畫面變得更豐富，使用**橢圓形工具**繪製填色為**白色 100%** 的圓形，隨機配置在空白處 **12**。接著在手腕附近，輸入傾斜後的 URL，然後在標題下方繪製黑色線條，突顯標題，調整整體版面後就完成了。

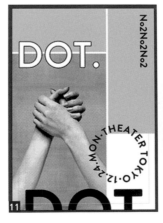

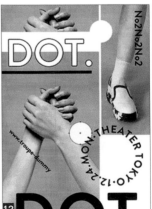

1 BASIC

2 TYPOGRAPHY

3 COLOR

4 TITLE & MARK

5 PHOTOGRAPHY

6 DECORATION

同級で
強調箇所を
つくる

Making Emphasized Points By Same Points

2018年
12月12日（水）〜
12月31日（月）

12時〜20時（祝日：13時〜）

〒000-000 東京都文字区段落 0-0-0 / Tel：03-0000-000 / e-mail：info@dammy-museum / Web：dammy-museum.dam

DAMMY MUSEUM

將相同字級的文字齊頭排列
並用漸層色強調重點的部分

將字體大小相同的文字齊頭排列，
並在其中一部分加上裝飾當作重點。

Ai CC 2021 　CREATOR: Toru Kase

019

01 編排文字，並在要強調的地方加上框線

使用 Illustrator 製作 A4 大小的宣傳單。一開始先編排文字內容 **1**。

接著將要強調的部分用細線框住。此範例要突顯的部分是「強調箇所」與「Emphasized Points」。使用**矩形工具**包圍部分文字，「**筆畫**」顏色設為「**黑色**」，「**填色**」設為「**無**」，粗細：0.5pt 左右 **2**。這樣就能產生與其他文字不一樣的視覺效果，吸引目光。

02 在要強調的部分加上裝飾

雖然加上框線可以強調文字，但是如果想製造更明顯的差異，還要額外再加上裝飾。此範例套用多色漸層的方法來做強化。選取「強調箇所」的矩形，執行『**視窗→漸層**』命令，開啟**漸層**面板，設定「**類型：線性漸層**」、「**角度：45°**」**3**，利用**漸層**面板設定三色漸層 **4**。如果**漸層**面板上只有左右兩邊有色標，請在漸層滑桿下方按一下，增加色調。

各個色標的設定是左邊「**不透明度：50%**」、「**C：100**」**5**，中央「**不透明度：50%**」、「**M：100**」**6**，右邊「**不透明度：50%**」、「**Y：100**」**7**。最後的漸層效果如圖 **8** 所示。「Emphasized Points」也同樣加上漸層裝飾，最後將漸層裝飾的「**排列順序**」設為「**移置最後**」就完成了 **9**。

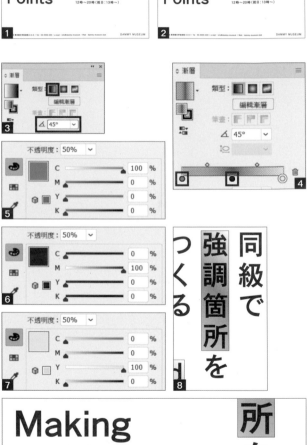

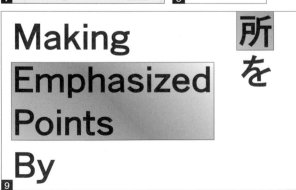

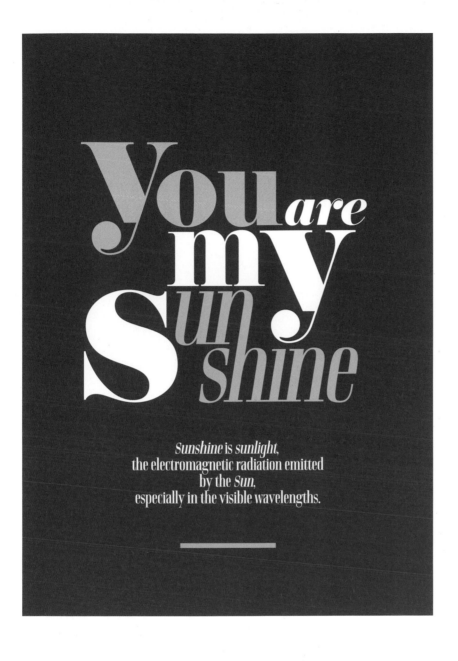

1 BASIC

2 TYPOGRAPHY

3 COLOR

4 TITLE & MARK

5 PHOTOGRAPHY

6 DECORATION

把文字變成主視覺

製作以文字為主視覺的海報。
其重點在於利用文字大小及顏色製造強弱對比。

Ai CC 2021　CREATOR: Malko Ueda

引用：Wikipedia (ENGLISH), Sunshine　https://en.wikipedia.org/wiki/Sunshine_(disambiguation)

020

01 建立新檔案並輸入文字

在 Illustrator 建立 A4 大小（210×297mm）的新檔案，再輸入文字。輸入的內容為「you are my sunshine」。字體大小大致設為：「you 及 m：189Q」、「y：283Q」、「are：89Q」、「S：369Q」、「un shine：185Q」。sunshine 的第一個字母「s」是「**Eloquent JF Pro Regular**」字體、「are」是「**Eloquent JF Pro Italic**」字體，剩下的「unshine」是「**Rigatoni Italic**」字體。組合不同的字體家族，製造出動態感 **1**。

02 文字建立外框並調整細節

調整文字大小，製造強弱對比。選取整個文字內容，執行『**文字→建立外框**』命令。圖 **2** 的紅框部分要保持相同距離。調整 i 的圓形，使其與 y 的下緣相連，再刪除 i 上方的圓點 **3**。讓 sunshine 的「n」與「h」相連，刪除超出範圍的橫向線條 **4**。調整整體的文字比例，放大「you」的 y 字，維持版面平衡。

編註：要刪除 **4** 超出範圍的橫向線條，可用**直接選取工具**拖曳錨點來改變外框形狀。

03 調整版面

貼上從 Wikipedia 複製的文字,讓文字居中對齊,並放置於版面的下半部。為了統一風格,字體設定成前面用過的「Rigatoni」。與 sun 有關的單字(Sunshine、sunlight、Sun)設定成斜體,增添動態感。由於上半部的視覺比重較重,所以在文字的底部加上粗黑線做為平衡 5。

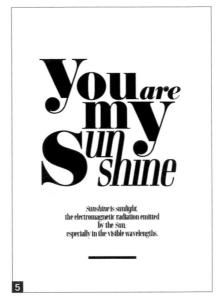

04 挑選色調

填入幾種不同的背景與文字配色,並排在一起,再從中挑選適合的色調。因為想要營造出成熟穩重的氛圍,所以限制使用的色彩:數量 6 7 8。背景與文字的顏色分別是「M:85 Y:79」、「M:17 Y:79」 6,「M:30 Y:10」、「C:90 M:70 Y:30」 7,「C:90 M:70 Y:30」、「M:35」 8。此範別選擇以海軍藍為底色,這樣就完成了。

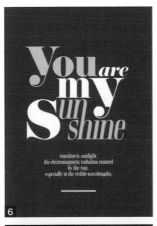

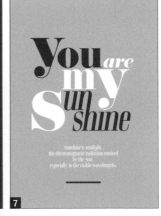

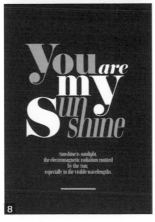

1 BASIC

2 TYPOGRAPHY

3 COLOR

4 TITLE & MARK

5 PHOTOGRAPHY

6 DECORATION

YOU ARE MY SUNSHINE

組合多種字體的 LOGO

組合不同字體，製作出具有衝擊力的標題

021

Ps CC 2021　Ai CC 2021　CREATOR: Malko Ueda

◆ 基本規則

大寫高度與襯線

大寫高度 (cap height) 是指英文字體的大寫字母高度。A、O、S、V 等上下有曲線或邊緣的字母為了維持平衡，通常會稍微超出大寫頂線 (cap line) 或基線 (baseline)。

TEX　AOSV　大寫頂線
基線

襯線 (serif) 是指字母的筆畫邊緣有裝飾。常見的羅馬體為有襯線體，沒有襯線的字體稱作無襯線體 (sans-serif)。

ABC
羅馬體 Garamond

ABC
無襯線體 Helvetica

襯線有幾種形狀，給人的印象截然不同，因此挑選字體時，必須注意這個重點。

Bracket Serif /
Garamond 等

Hairline Serif /
Bodoni 等

Slab Serif /
Rockwell 等

參考：大崎善治的著作『タイポグラフィの基本ルール』，2010 年，由 SB Creative 出版。

1　BASIC

2　TYPOGRAPHY

3　COLOR

4　TITLE & MARK

5　PHOTOGRAPHY

6　DECORATION

01　選擇多種字體

先印出幾種字體，檢視整體的比例。組合外觀印象與字體寬度不同的字體，就會產生吸睛效果。這次選擇了較細的黑體、有動態感的襯線體、壓縮的襯線體 **1**。字體的種類若是太多會顯得凌亂，因此組合二～三種字體，較容易維持平衡。

02　組合字體，確認平衡狀態

在 Illustrator 輸入文字，設定成剛才所挑選的字體，檢視整體比例。此時先大致排列看看效果，因此刻意連續顯示相同字體，或盡量沒有規則地隨機排列 **2**。決定某種規則再試著編排，或許會得到有趣的效果。

03　統一字體的高度

即使文字設成一樣的大小，也會因為字體而產生不同的高度，因此畫出水平參考線來對齊文字 **3**。執行『**文字→建立外框**』命令，將文字內容外框化。接著依照字體建立群組，調整「E」的上下線條，將三種字體的高度調到一樣。此時，「O、A、S」等三個字母的上下部分可能會超出參考線，不過如果是相同字體，超出範圍的部分可維持不變 **4 5**。

04 編排建立外框後的文字

接著排列建立外框後的文字，同時進行細部調整。「ARE」的「E」似乎拉太長了，所以依照壓縮字體的寬度，將它縮短一點 6。

05 調整整體文字

「MY」的「M」要去掉襯線，看起來會比較俐落。壓縮字體的襯線邊緣有弧度，因此配合其他字體來建立邊緣 7。根據第一行與第三行的寬度，微調文字的字距後就完成了 8 9。

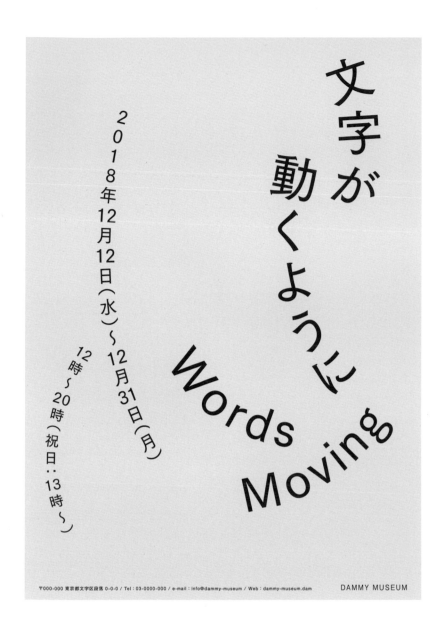

1 BASIC

2 TYPOGRAPHY

3 COLOR

4 TITLE & MARK

5 PHOTOGRAPHY

6 DECORATION

讓文字沿著曲線流動
營造輕鬆的氛圍

用隨興、輕鬆的氛圍統一以垂直、
水平的方式編排文字。

Ai CC 2021　CREATOR: Toru Kase

022

01 先建立基本架構並大致編排文字位置

此範例要設計美術館的活動宣傳單。使用 Illustrator 建立 A4 大小（210×297mm）的新檔案，接著建立 182×257mm 的矩形框，「**填色：Y:10 K:10**」。頁尾輸入美術館的地址、電話等相關資料，完成基本設計 **1**，輸入文字內容並大致擺設 **2**。

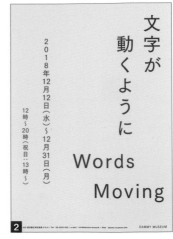

02 使用鋼筆工具繪製路徑，決定文字的排列方向

按下**圖層**面板中的**製作新圖層**，建立新圖層「圖層 2」**3**。把步驟 01 輸入的文字內容移動到「圖層 2」，接著使用**鋼筆工具**繪製文字排列方向的線條 **4**。右圖為隱藏了文字的狀態。

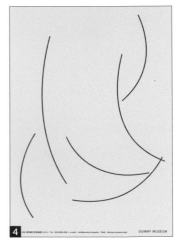

03 排列好文字，即完成設計

使用**路徑文字工具** **5**，拷貝移動到「圖層 2」的文字，在路徑上貼上文字後，調整文字的方向即完成 **6**。

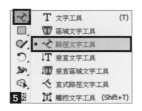

Journey

No.2

SPACE ABC | 2F ABC Bldg. 0-0, SHIBUYA | OPEN 1 PM.
SHIBUYA-KU, TOKYO | CLOSE 5 PM.

BARCELONA

SPAIN

PHOTO EXHIBITION

YAMADA TAROU PHOTO EXHIBITION

12.24 mon - 12.31 mon

WWW.SPACEABC.OOO

直排與橫排交錯編排

利用直排、橫排交錯編排英文字，設計出具有律動感的版面。
根據照片風格，把文字統一設為藍色，藉此襯托主角。

Ps CC 2021　Ai CC 2021　CREATOR: Malko Ueda

023

1 BASIC

2 TYPOGRAPHY

3 COLOR

4 TITLE & MARK

5 PHOTOGRAPHY

6 DECORATION

01 建立矩形參考線，並編排標題

此範例要製作 A4 大小的攝影展海報。使用 Illustrator 建立 A4 尺寸（210×297mm）的新檔案，在工作區域距離內側 10mm 的位置建立矩形參考線當作基準，接著在上下距離 10mm 的地方繪製水平參考線 **1**。依參考線的位置配置標題「Journey」，並在右上方輸入「No.2」**2**。第一個字母「J」與右上方的「N」上緣對齊往內 10mm 的參考線。標題的寬度與基本參考線的左右同寬，活動地點、時間等文字對齊第一個字母「J」下緣往下 10mm 的位置。基本上，將每個元素間隔 10mm，再編排文字 **3**。

02 將主照片裁成方形並置中照片兩側加上直排英文字

在活動地點及時間的下方 10mm 處，建立水平參考線。置入的主照片裁成正方形，放在左右居中的位置 **4**。裁切方法：在原始照片上層建立 133mm 的正方形路徑，同時選取路徑及照片，按下 Ctrl（⌘）＋ 7 鍵，建立剪裁遮色片。在照片的左右，輸入拍攝地點「SPAIN BARCELONA」及「PHOTO EXHIBITION」等文字並調整位置，讓工作區域的左右與照片間隔 10mm **5**。如果全都是實心字會顯得沉重，因此將地名設成「**填色：無**」、「**筆畫：1pt**」，變成空心字。此外，為了避免「PHOTO EXHIBITION」這兩行字顯得凌亂，加上底線做平衡 **6**。最後在下方輸入日期與 URL 等資料。依照間隔 10mm 的原則，在照片下方、工作區域、基線的位置，對齊各個元素。「星期」的字體設成與拍攝地點一樣，變成 1pt 的空心字，最後調整字距等細節即完成 **7**。

1 BASIC

2 TYPOGRAPHY

3 COLOR

4 TITLE & MARK

5 PHOTOGRAPHY

6 DECORATION

024
排列文字並調整視線方向

建立動線具有引導視線的效果，可間接呈現資料的先後關係，以利將資訊傳達給觀看者。

Ai CC 2021　CREATOR: Toru Kase

💎 基本規則

引導視線方向的動線

編排動線最常用的就是「Z 型」法則。我們的視線是以「Z」字方式移動，因此橫排的順序是「左上→右上→左下→右下」。其他還有「F 型」等排列方式，按照這種視線流動原則來編排內容，比較容易將訊息傳達給觀看者。上面的範例刻意建立了引導視線方向的動線，不著痕跡地把成為參考線的圖形或線條設計成視線焦點，這樣就能以與眾不同的文字編排方式，完成傳達訊息的作品。

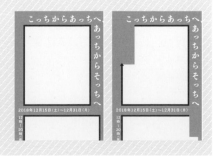

01　建構基本設計元素，繪製引導視線的線條

本範例要用 Illustrator 設計活動宣傳單。開啟新檔案，建立 175×305mm 的矩形路徑，「**填色**」設為灰色「**K：50**」。接著在上層繪製兩個矩形路徑，使用黃色「**Y：100**」上色。在邊角疊放與背景同色的兩個矩形，完成有缺口的形狀。下方輸入英文標語及會場資訊等文字元素 **1**。接著沿著黃色平面繪製紅色「**M：100 Y：100**」且「**筆畫寬度：8.5pt**」的粗線，在線條前端放置三角形路徑，形成箭頭，製作出動線 **2**。

02　注意文字扮演的角色並依序排列

沿著動線排列文字。從版面左上方開始橫向排列優先順序最高的活動標題。此範例在上下擺放了兩個黃色圖形，但是上半部的大矩形左上方有個大缺口，我們的視線會自然從左上方開始移動。請從左上方開始，沿著矩形外框的紅色箭頭排列標題文字，在右邊轉角開始變成直排 **3 4**。

接著，在下一個轉折處輸入活動期間 **5**，最後是活動時間 **6**。在版面的中段部份，下方黃色矩形的缺口間接暗示別直接往下排列文字而要往左彎。像這樣，視線沿著動線移動，並按照先後順序排列文字，就可以成功傳達內容。這個範例是由上往下編排內容，但是利用建立動線的方式，也能改成左右排列，或往矩形中央編排文字，往不同方向引導視線。

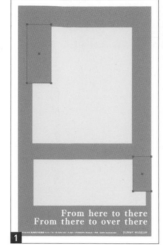

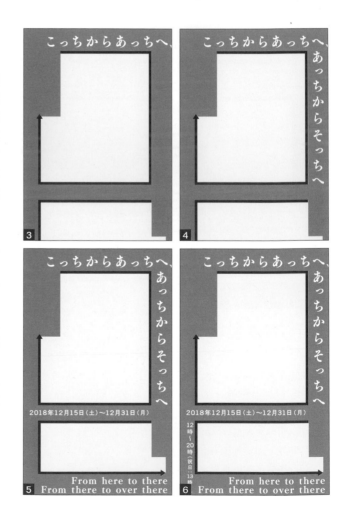

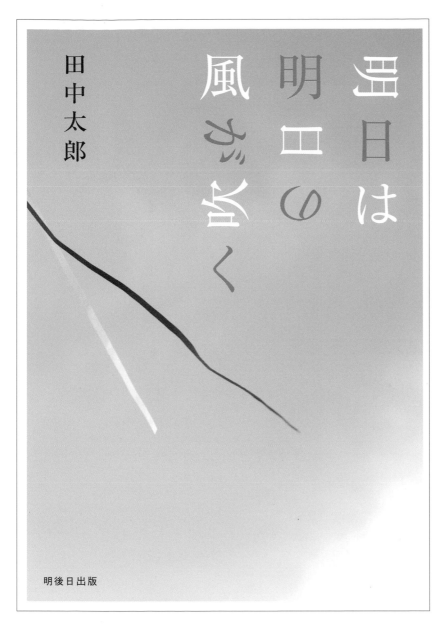

田中太郎

明日は明日の風が吹く

明後日出版

1 BASIC

2 TYPOGRAPHY

3 COLOR

4 TITLE & MARK

5 PHOTOGRAPHY

6 DECORATION

改變每個字的方向
讓書名具有動態感

像書名這種由一句話組成的內容,可以「以字為單位」,
改變部分文字方向,製造違和感,讓書名本身成為視覺焦點。

Ai CC 2021　CREATOR: Satoshi Kondo

025

01 用 Illustrator 設計書名

這個範例要製作書籍封面，完成尺寸為 B6（128×182mm）。首先，使用 Illustrator 建立 B6 大小的檔案 **1**。接著，準備好要當作背景的影像，執行『**檔案→置入**』命令，置入工作區域。為了與書名《**明日は明日の風が吹く**》做呼應，選擇能感受到隨風飄動的影像。使用**矩形工具**在影像上層建立「**寬度：122mm**」、「**高度：176mm**」的矩形路徑，同時選取這兩個物件 **2**，按下 [Ctrl]（[⌘]）＋ [7] 鍵，建立剪裁遮色片，裁切影像。接著將裁切後的影像物件對齊工作區域的中央，先鎖定 **3** **4**。

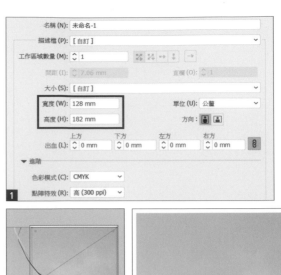

02 輸入書名並調整與 影像的比例

使用**垂直文字工具**輸入書名，字體選擇「リュウミン Pro R-KL」，大小暫時設定成「50Q」，檢視效果後再做調整 **5**。接著，觀察文字與影像的搭配效果，調整文字的大小及比例。略微放大文字（63Q 左右），以 1～2 個字斷行，變成 3 行 **6**。

03 改變每個字的角度，製造躍動感

圖 **7** 的封面，是把書名分成 3 行的設計，但是看起來過於單調乏味，所以改變文字的方向，增加躍動感。

首先，選擇任何一個文字，在**字元面板**的「**字元旋轉**」輸入數值，改變文字的方向，檢視整體比例，調整每個文字的角度 **8** **9**。由於書名必須清楚易讀，因此角度限制為「90°」、「-90°」、「180°」，不能隨意設定，藉此營造一致性，讓書名一目瞭然，同時又能感受到成為視覺焦點的違和感。

04 設定文字的顏色並置入必要的文字元素即完成

調整每個文字的角度，完成書名 **10**。與圖 **7** 比較，可以明顯看出文字多了一點違和感。最後設定文字的顏色 **11** **12**，並加上作者、出版社的名稱就完成了 **13** **14**。

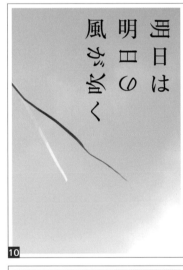

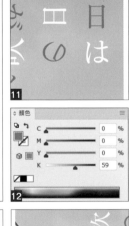

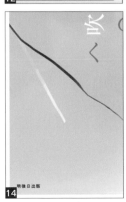

遮住文字的一部分
製作出吸睛的標題

清除、遮住文字或插圖的一部分，
製作吸引目光的宣傳單

AI CC 2021　CREATOR: Satoshi Kondo

026

01 輸入宣傳單的主標題

此範例要設計以「野菜をおいしく食べよう」為主題的宣傳單。啟動 Illustrator，執行『檔案→新增』命令，建立 A4(210×297mm) 大小的新文件。接著，使用「垂直文字工具」輸入主標題文字，選擇「A1 ゴシック StdN M」字體，設定「字體大小：156Q」、「特殊字距：150」，檢視大致的狀態 **1**。

編註：特殊字距的設定方法為：將插入點移到兩個字元之間，再透過「字元」面板中的「特殊字距」做設定。

VA ⟨⟩ 150 ⌄

02 調整字距並置入插圖

選取輸入的文字，執行『文字→建立外框』命令，將文字建立外框。考慮到下方要輸入日期等其他元素，因此調整字距，置入插圖 **2**。為了配合活動的主題，準備了蔬菜、烹調器具等簡單的線圖 **3** **4** **5**。

1 BASIC

2 TYPOGRAPHY

3 COLOR

4 TITLE & MARK

5 PHOTOGRAPHY

6 DECORATION

03 建立遮住文字及蔬菜用的形狀（物件）

製作齒型物件，讓文字或插圖呈現被咬的效果。使用**橢圓形工具**建立任意大小的正圓形並排列在一起 **6** **7**。在**路徑管理員**面板中，按下「**形狀模式：聯集**」，合併成一個物件 **8**，刪除多餘的錨點，調整形狀 **9**。

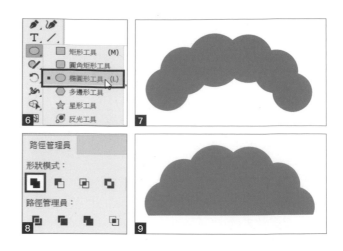

04 在文字及插圖上放置齒型物件，藉此隱藏部分內容

斟酌整體比例及文字的可讀性，隱藏文字與插圖的其中一部分 **10**。這裡為了方便讀者確認齒型物件，所以套用了顏色，但是實際上是用和背景一樣的白色來製作 **11** **12**。

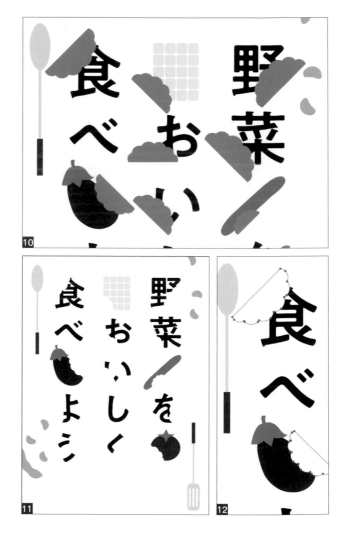

05　輸入必要的文字資料
　　 並調整比例即完成

最後輸入日期及講師等必要的文字資料並調整位置。頁面的左上與右下置入了縱長型的調理器具插圖，讓標語「Let's cooking！」對齊插圖的垂直線，標語下方加上**「筆畫寬度：1pt」**的底線，藉此強調標語並稍微凸顯垂直線 **13** **14**。頁面下方的空白部分輸入重要程度次於標題的活動時間等文字資料，接著輸入講師陣容，左右居中對齊頁面 **15**。

在左邊標語的下方接著輸入會費及聯絡資料，並放置於頁面的左下角。利用調理器具與文字的排列包圍頁面，呈現出整齊劃一的感覺。右下方與上方維持開放狀態，避免因完全封閉而讓版面顯得呆板。此外，在頁面周圍隨機擺放綠色豆子插圖，營造開闊的空間感。

圖 **16** 是完成設計的宣傳單，而圖 **17** 是用來比較沒有遮蓋文字與插圖的設計。利用齒型缺角來傳遞能快樂參與活動的氛圍，並製造吸睛的視覺效果。

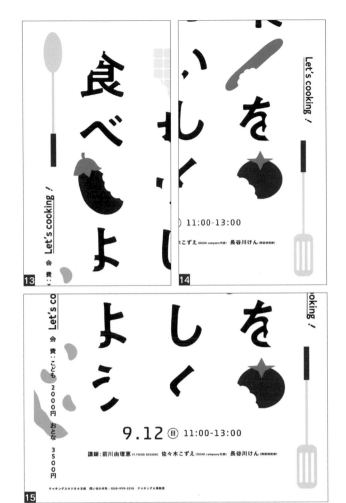

利用簡單的幾何圖形
設計文字

使用圓形、三角形、四角形等基本的幾何圖形製作英文字母，
當作宣傳單的主視覺。

Ai CC 2021　CREATOR: Satoshi Kondo

027

01 準備宣傳單的工作區域
並按照字數分割畫面

這個範例要製作商店的開幕通知。請
啟動 Illustrator，執行『**檔案→新增**』
命令，建立 A4 大小（210×297mm）
的新文件。接著，使用**鋼筆工具**繪製
直線，把畫面分割成六等分。在選取
直線的狀態，執行『**檢視→參考線→
製作參考線**』命令，將線條轉換成參
考線 **1**。

02 利用圓形、三角形、
四角形等製作英文字母

使用**矩形工具**與**橢圓形工具**，繪製圓
形、三角形、四角形等幾個圖形，組
合成英文字母的基本形狀 **2 3**。
按照前面的參考線，每一格放置一個
字母，盡量充分利用每個格子，建立
較大的字母。我們要從左上開始製作
「AUGUST」的字母。左上方字母「A」
的垂直等邊三角形是使用**多邊形工具**
繪製正三角形，接著使用**直接選取工
具**選取上面的頂點，然後往上延伸，
就能繪製出來 **4 5**。

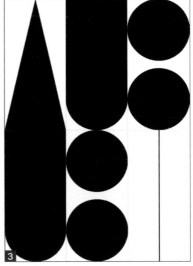

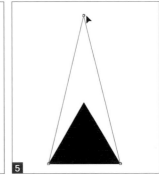

1 BASIC

2 TYPOGRAPHY

3 COLOR

4 TITLE & MARK

5 PHOTOGRAPHY

6 DECORATION

03 對調填色與筆畫，製作出字母的輪廓，並設定邊界

步驟 **02** 將幾何物件的**填色**設為黑色（純黑），不容易辨識字母，在此對調幾何物件的**填色**與**筆畫**，以線條來呈現字母。並利用**直接選取工具**修飾路徑，將不需要的線條刪掉。如右圖所示，製作出字母的輪廓。

此外，由於滿版設計會裁切掉部分內容，因此要設定邊界。請調整參考線，將上下左右的界距設為「4.5mm」留白，AUG 與 UST 的行距設為「8mm」，每個字母的格子大小，設為「**寬度：67mm**」、「**高度：140mm**」**6** **7**。

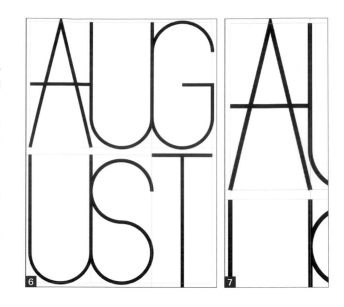

04 強調重點部分

字母「S」與「G」是利用上下排列的兩個圓形路徑所製作出的形狀，利用這一點，將圓形填上顏色，當作視覺焦點 **8**。在背景繪製和工作區域一樣大小的矩形路徑，填色設為「**Y：5 K：15**」，鋪上淺灰色的底色，再將圓形的填色設定成白色，**9** **10**，同時統一字母「S」與「G」的大小。

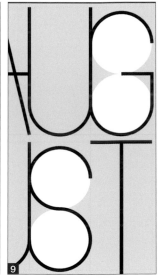

05 縮小字母的筆畫寬度，調整字母的形狀

此步驟要更改筆畫寬度，並調整字母的形狀。將「筆畫寬度」縮小成「2pt」，降低字母「A」的橫線 11。此外，挖空當作視覺重點的白色圓形，讓形狀更接近數字「8」，加強與主要單字「AUGUST」的連結性。挖空圓形的方法是，將圓形路徑的「填色」與「筆畫」對調，「筆畫」設成白色，「筆畫寬度」設為「75pt」，用極粗的線條來表現 12 13。

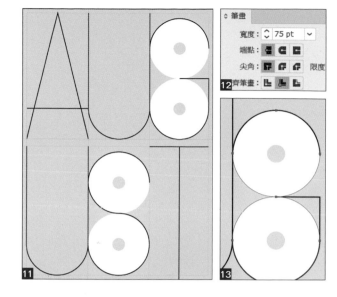

06 加上必要的文字資料

把主視覺當作背景，加上時間、地址、聯絡資料等必要內容，並調整其位置就完成了 14。

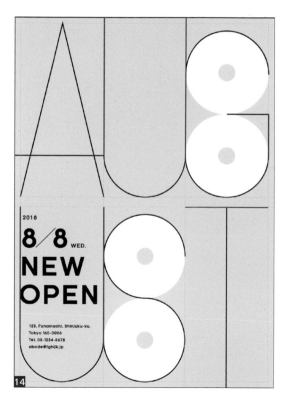

1 BASIC

2 TYPOGRAPHY

3 COLOR

4 TITLE & MARK

5 PHOTOGRAPHY

6 DECORATION

2018.12.15.SAT

GREEN
CAFE
GRAND
OPENING

Coffee
Bagel
Cake
Biscuit

11:00 a.m. - 10:00 p.m.
0-00-0 KITAZAWA, SETAGAYA-KU, TOKYO, JAPAN

將手寫文字疊在
一般字體上

在一般字體上疊加手寫文字，完成富有動感的設計。
例如要製作自然且帶有文化氣息的咖啡店開幕海報。

028

Ps CC 2021　Ai CC 2021　CREATOR: Malko Ueda

01 使用 Illustrator 建立新檔案，並配置文字

在 Illustrator 建立 A4 大小（210×297mm）的新檔案。使用**矩形工具**在距離工作區域內側 20mm 與 30mm 的地方繪製參考線，輸入文字元素。由於要設計開幕海報，因此輸入了日期、店名、GRAND OPENING、營業時間、地址。

背景色為米色「Y：10 K：5」，文字設為綠色「C：70 Y：40」**1**。「GREEN CAFE GRAND OPENING」讓最長的「OPENING」對齊外側的參考線，調整整體文字的大小。為了盡量放大文字，略微縮小字距。在海報的上、下兩側輸入日期、營業時間、地址等文字，並對齊內側的參考線。

02 掃描（或翻拍）手寫文字，除文字外其餘為透明

用鉛筆在紙張上書寫文字再掃描（或翻拍）。這裡寫了菜單上有的 Coffee（咖啡）、Bagel（貝果）、Cake（蛋糕）、Biscuit（比司吉）等文字。用 Photoshop 開啟掃描（或翻拍）的手寫文字 **2**，將「**色彩模式**」設定為「CMYK」，執行『**影像→調整→色階**』命令，去除掃描時的雜點 **3**。這裡設定「**陰影：156**」、「**中間調：1.00**」、「**亮部：212**」。接著使用**快速遮色片**，讓文字以外的部分變透明。關於快速遮色片模式的用法，請參考第 6 章 268 頁的步驟 **02**。

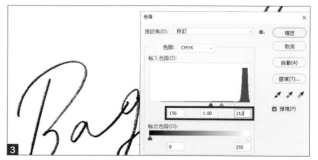

03 調整手寫文字的顏色，避免過於突兀

黑色的手寫文字過於搶眼，因此調整成其他顏色。在**圖層**面板中，按下**增加圖層樣式**鈕，執行『**顏色覆蓋**』命令 **4**，設定「**混合模式：正常**」、「**覆蓋顏色**」設為「**K：70**」**5**。其他文字也執行相同處理，並儲存成 Photoshop 格式（.psd）。

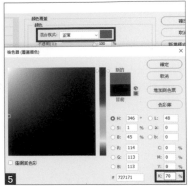

04 在 Illustrator 置入剛才調整過的掃描影像

在 Illustrator 置入步驟 **03** 調整好的 Photoshop 影像。讓掃描影像略微重疊在綠色文字的下半部分，避免讓綠色文字變得難以辨識。開啟**外觀**面板，將「**漸變模式**」設定成「**色彩增值**」，也可以適時調整**不透明度 6**。

05 調整顏色

增加顏色，凸顯強弱對比。這裡把日期與「GRAND OPENING」設為紫色「C：50 M：50」**7 8**。

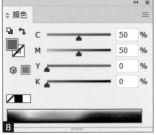

06 檢視整體比例，調整文字的細節與整個設計

把文字資料與重疊的影像範圍（圖 **9** 的紅框）移動到工作區域的中央。由於營業時間「11:00」與「10:00」的冒號 (:) 略微偏下，所以利用**字元**面板的「**設定基線微調**」，把基線往上移動 **2pt** **10**，最後細部微調文字的位置，就完成整個設計了 **11**。

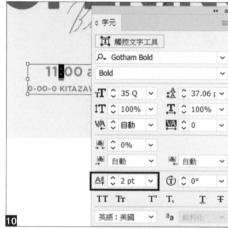

1 BASIC

2 TYPOGRAPHY

3 COLOR

4 TITLE & MARK

5 PHOTOGRAPHY

6 DECORATION

利用去背照片與留白
設計出字母的形狀

利用與主題有關的物品製作成字母，
讓人留下深刻印象。

Ps CC 2021　Ai CC 2021　CREATOR: Satoshi Kondo

029

01 準備當作主視覺的雨傘

此範例要製作 A4 大小的門市 POP，通知「遇到下雨天，會員點數增加兩倍」。這次以「雨天」有「W POINT」（兩倍點數）為訴求，所以利用雨傘影像製作出字母 W 的主視覺，完成門市 POP 的設計。請準備雨傘影像，使用 Photoshop 的**筆型工具**建立工作路徑，刪除多餘的部分。接著啟動 Illustrator，執行『**檔案→新增**』命令，建立「**寬度：210mm**」、「**高度：297mm**」的新檔案，再置入影像 **1**。

02 使用雨傘影像製作出字母 W 的形狀

接著，要運用雨傘的形狀，設計字母，排列成留白部分看起來像字母 W 的狀態 **2**。放大影像尺寸，但是必須保留最低限度的細節，讓人知道這是雨傘，然後裁切多餘部分，這樣能讓人注意到背景的白色部分 **3**。

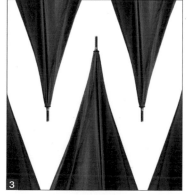

1 BASIC

2 TYPOGRAPHY

3 COLOR

4 TITLE & MARK

5 PHOTOGRAPHY

6 DECORATION

03 用 Photoshop 調整雨傘的顏色，再用 Illustrator 建立海報底部的色塊

由於雨傘的顏色比較暗，因此在 Photoshop 開啟雨傘影像，執行『**影像→調整→色彩平衡**』命令，將影像變成青色，回到 Illustrator 會跳出是否更新修改過的影像對話視窗，請按下**是**鈕。再利用**矩形工具**在雨傘影像的下方繪製矩形，填色設成「**C：100**」**4**。

04 編排文字資料

為了讓用影像製作的「W」字母與用字體輸入的「W」彼此呼應，所以設定成居中對齊 **5**。英文「W」與「CAMPAIGN」使用「**Gill Sans Nova Heavy**」字體，文字大小：「W」是 171Q，「CAMPAIGN」是 47Q。「POINT」選擇「**DIN Next Slab Pro Black**」字體，大小設定為 81Q。日文使用的字體是「**MT たづがね角ゴシック StdN Bold**」，字體大小：「雨の日限定」為 25Q，「雨の日はメンバーズカードのポイントが 2 倍になる」(遇到下雨天，會員點數增加兩倍) 是 18Q。最後把「雨の日限定」當作重點，加上顏色就完成了 **6**。

1 BASIC

2 TYPOGRAPHY

3 COLOR

4 TITLE & MARK

5 PHOTOGRAPHY

6 DECORATION

用手寫文字當作矚目的焦點

使用手寫文字，製作引人矚目的視覺效果。
本例要設計襪子品牌的新快閃店視覺設計。

030

Ps CC 2021　Ai CC 2021　CREATOR: Malko Ueda　PHOTO: Takanori Fujishiro

01 決定尺寸後再置入照片

此範例要整合文字與照片，因此以
Photoshop 為主來執行設計。建立
350dpi、A4 大小（210×297mm）、
CMYK 模式的新檔案 。接著開啟要
使用的照片，拷貝之後，貼入新檔案
內。在裁切照片之前，為了之後縮放
仍能維持原本的解析度，先執行『**圖
層→智慧型物件→轉換為智慧型物件**』
命令，把影像轉換成智慧型物件 ②。
思考要在哪裡置入文字再裁切影像。
此範例要輸出成 A4 尺寸，因此在上下
左右各產生 3mm 的出血。請先建立
A4 大小的參考線 ③。執行『**影像→
版面尺寸**』命令，調整成包含出血的
尺寸（216×303mm）。此時，請確認
基準位置在正中央 ④。

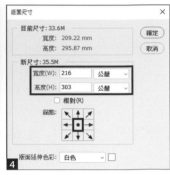

02 在紙張上書寫文字，
掃描後去除雜訊

為了把手寫文字當作裝飾用影像，將
文字寫在影印紙等白色紙張上，掃描
後轉成數位檔案 ⑤。在此是使用鋼
筆書寫。若是使用深色鉛筆或簽字筆
等，會隨著素材的不同而改變呈現效
果，請根據想營造的氛圍來運用。後
續會再調整大小，因此不需要用 A4 尺
寸書寫文字。以解析度 1200dpi 掃描
後，再用 Photoshop 的**色階**功能調
整，去除雜訊與紙張的陰影 ⑥。

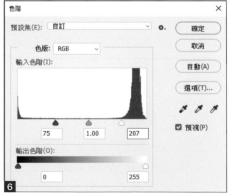

03 放大手寫文字並進行調整

希望在影像中置入較大的文字,因此請將文字放大成 200% (執行『**編輯→變形→縮放**』命令,在**選項列**設定 **W** 和 **H** 的 %)。如果圖層被鎖定,請解除鎖定狀態 (雙按**背景**圖層,轉成一般圖層) **7**。放大後的文字輪廓會變得比較粗糙,請先確認「**前景色:黑色**」、「**背景色:白色**」,再執行『**濾鏡→素描→邊緣撕裂**』命令,讓邊緣變得比較自然,設定「**影像平衡:40**」、「**平滑度:12**」、「**對比:18**」**8**。假如在**濾鏡**選單中沒有顯示**素描**項目,請執行『**編輯→偏好設定→增效模組**』命令,勾選「**顯示全部濾鏡收藏館群組和名稱**」,再重新啟動 Photoshop。

編註:**素描**濾鏡不能在 CMYK 模式下使用,請將色彩模式轉為 RGB。

04 單獨取出文字部分

拷貝調整後的手寫文字,建立新檔案,選取工具列的**以快速遮色片模式編輯**再貼上手寫文字。將圖層名稱設定為「summer」。如果文字部分顯示成紅色,請取消快速遮色片模式,再反轉選取範圍,用黑色填滿 **9**。

ONE POINT

「邊緣撕裂」濾鏡

邊緣撕裂濾鏡是邊緣會產生鋸齒效果的濾鏡。若要在文字套用濾鏡,必須先點陣化。請在**圖層**面板中,於文字圖層上按下右鍵,執行『**點陣化文字**』命令,進行點陣化。

■ 將大小為 100pt 的文字點陣化,再套用邊緣撕裂濾鏡:

影像平衡:40
平滑度:10
對比:18

影像平衡:2
平滑度:1
對比:20

1 BASIC

2 TYPOGRAPHY

3 COLOR

4 TITLE & MARK

5 PHOTOGRAPHY

6 DECORATION

05 將調整完成的手寫文字置入照片中

在步驟 01 置入照片的檔案中，貼上手寫文字，並轉換成智慧型物件。接著按下**圖層**面板中的**增加圖層樣式**，執行『混合選項』命令。按一下**圖層樣式**視窗左側清單中的「**顏色覆蓋**」，設定「**混合模式：正常**」、「**不透明：100%**」、「**顏色：白色**」，把手寫文字變成白色 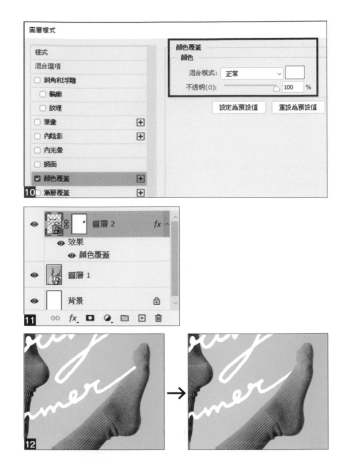。建立圖層遮色片 ，將部分文字藏在足部後面 ，並使用 Photoshop 格式 (.psd) 儲存檔案。

06 使用 Illustrator 排版

用 Illustrator 建立 A4 大小的新檔案，上下左右分別設定 3mm 當作出血，置入步驟 05 製作完成的影像 。工作區域為實際的範圍，紅線是印刷時被裁切的部分。紅線可以用顯示或隱藏參考線來切換（ Ctrl ＋ ; ）。

接著，排列文字元素。將文字元素整理在右下方。如果使用各種字體，會顯得凌亂不一，因此選擇 Futura 字體，在各個元素加上強弱對比。由上開始依序使用「Futura Medium Italic」、「Futura Bold」、「Futura Medium」字體 ，最後調整文字位置就完成了。

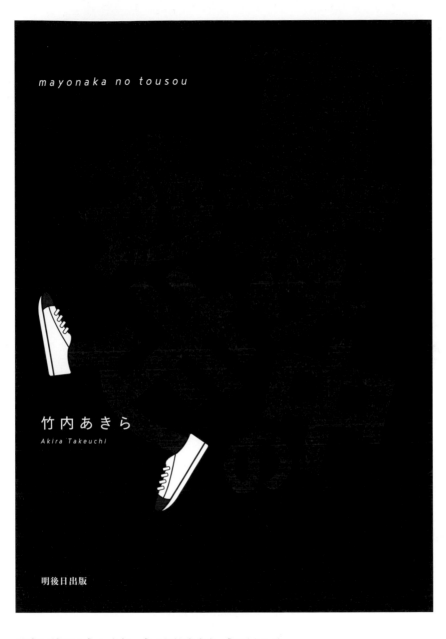

mayonaka no tousou

竹内あきら
Akira Takeuchi

明後日出版

將與字義有關的插圖
點綴在文字上

在文字上用與字義有關的插圖做點綴，
除了具吸睛作用，也能讓人一看就懂。

031

Ai CC 2021　CREATOR: Satoshi Kondo

1 BASIC

2 TYPOGRAPHY

3 COLOR

4 TITLE & MARK

5 PHOTOGRAPHY

6 DECORATION

01 構思書籍封面，輸入標題文字

此範例要製作 A5 大小的書籍封面。啟動 Illustrator 執行『檔案→新增』命令，建立「寬度：148mm」、「高度：210mm」的新文件。接著使用**垂直文字工具**輸入縱向標題文字 **1**。

02 調整文字外觀

執行『文字→建立外框』命令，將文字外框化。用**直接選取工具**調整「走」這個字下方及左右端的錨點，讓「走」看起來像腳的樣子，藉此製造出走動的效果 **2**。為了讓讀者可以瞭解變形後的部分，這裡顯示了修正前（藍色）與修正後（粉紅色）的形狀 **3**。

03 把鞋子插圖加到文字上

製作鞋子插圖，組合到步驟 02 完成的「走」字上 **4**。調整成能聯想到跑步的樣子，再將鞋子插圖與文字組成群組。

04 依照字義調整文字的大小

調整文字的大小比例與旋轉方向，製造出動態感，同時也要維持標題的一致性 **5**。

05 將文字及背景設成可以聯想到深夜的顏色

將背景顏色設成「C:50 M:50 Y:50 K100」，文字的顏色設為「C:100 M:100 Y:50」**6**。

06 加入出版資料等必要內容即完成

加入作者及出版社等必要的文字資料就完成了 **7**。

1 BASIC

2 TYPOGRAPHY

3 COLOR

4 TITLE & MARK

5 PHOTOGRAPHY

6 DECORATION

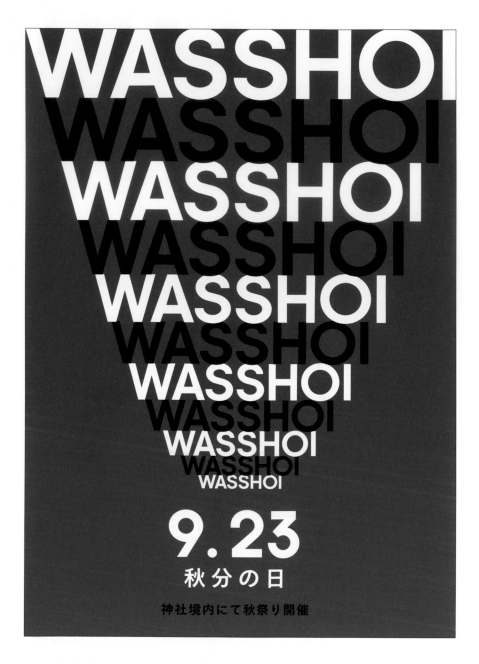

反覆顯示相同的文字
製造強烈的視覺印象

利用反覆手法強化文字印象的 DM（Direct Mail）。

Ai CC 2021　CREATOR: Satoshi Kondo

032

01 設定 DM 尺寸及
　　 輸入標題文字

啟動 Illustrator，執行『檔案→新增』
命令，建立「**寬度：105mm**」、「**高
度：148mm**」的新文件。輸入當作
設計元素的文字「WASSHOI」，選用
「**Kamerik 105 Bold**」字體，並調整
字距 **1**。

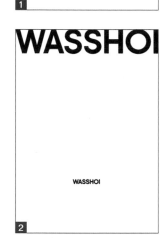

02 決定最上面的文字與
　　 最下面的文字大小

複製一份「WASSHOI」文字，將最大
的文字設為「**91Q**」，最小的文字設為
「**17.5Q**」，並如右圖排列，讓兩組文
字間隔一定的距離 **2**。

03 套用「漸變」效果
　　 讓文字相連

這裡要呈現的效果為：「讓大文字逐漸
縮小，與最下面的小文字相連」。請
同時選取兩組文字，執行『**物件→漸
變→製作**』命令，接著執行『**物件→
漸變→漸變選項**』命令，指定漸變階
數，決定要重複的次數 **3** **4**。

1 BASIC

2 TYPOGRAPHY

3 COLOR

4 TITLE & MARK

5 PHOTOGRAPHY

6 DECORATION

04 調整文字位置，避免重疊

對套用漸變的物件執行『**物件→漸變→展開**』命令，然後執行『**物件→解散群組**』命令。在**對齊**面板中，按下「**均分間距：垂直均分間距**」 **5**。

05 仔細調整行距並設定　　文字與背景的顏色

此步驟要調整行距等細節並設定顏色。在背景置入與工作區域相同大小的矩形，「**寬度：105mm**」、「**高度：148mm**」，顏色設定為「**M:90 Y:85**」。文字的部份，請一邊調整行距，一邊設定白、黑相間的顏色 **6**。

06 加入必要資料

最後加入活動日期與活動地點等資料就完成了 **7** **8**。

COLOR

3

配色是設計的表現手法之一。配色可以幫助資料的整理，或是善用互補色來呈現強烈的印象，本章要帶你學習專家經常使用的技巧。

033

組合純色的物件，完成色彩繽紛的作品

利用組合顏色的技巧，製作出繽紛又歡樂的設計作品。

Ai CC 2021　CREATOR: Satoshi Kondo

何謂「配色」？

配色是指多種顏色的組合搭配。各種顏色本身給人的印象及組合方式，能賦予色彩不同的感覺。決定配色時，最好先瞭解基本的「色彩屬性」。充份掌握「**色相**」（色調）、「**飽和度**」（鮮豔度）、「**明度**」（亮度）等三種色彩屬性，再決定如何組合色彩。

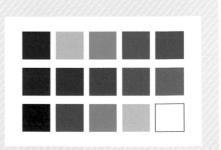

01 建立 A4 大小的文件並準備基本圖形

此範例要設計玩具活動的宣傳單。啟動 Illustrator，執行『檔案→新增』命令，建立 A4 大小（210×297mm）的新文件 **1**。接著，繪製「高度：50mm」的正圓形、正三角形、正方形，填色設為「C：13 M：100 Y：13」，我們要用簡單的幾何物件來製作文字 **2**。

ONE POINT

繪製正三角形的方法有很多種，這裡的作法是：按下**工具列**的**多邊形工具**，接著在工作區域按一下滑鼠左鍵，即會開啟**多邊形**交談窗。將「半徑」設為任意數字，「邊數」設成「3」，製作出正三角形。接著開啟**變形**面板，按下「強制寬高等比例」鈕 **8**，將「高度」設定為「50mm」。

02 調整基本圖形並排列成文字

此範例要將圖形排成「OMOCHA FES」文字。由於之後會再調整用色，所以此時用任何顏色製作都可以，這個範例使用了藍色與粉紅色。為了運用重疊部分，在**透明度**面板中，將「漸變模式」設為「色彩增值」再排列文字 **3 4**。

1 BASIC

2 TYPOGRAPHY

3 COLOR

4 TITLE & MARK

5 PHOTOGRAPHY

6 DECORATION

03 放大基本圖形並調整位置

選取步驟 02 完成的文字，執行『**物件 →變形→縮放**』命令，在「**一致**」欄位裡輸入「130%」，放大文字。接著去除行距，並調整版面 5 。

04 評估配色

在背景置入和工作區域一樣大小的矩形（210×297mm），顏色設定為「Y：100」，接著評估文字的顏色，找出既明亮又歡樂的配色 6 7 。

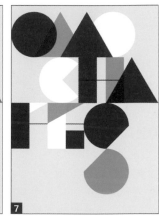

05 加上標題與活動日期等 必要的資料即完成

輸入必要的文字資料（活動名稱、活動日期、場地、費用、主辦單位），微調版面後就完成了 8 。

1 BASIC

2 TYPOGRAPHY

3 COLOR

4 TITLE & MARK

5 PHOTOGRAPHY

6 DECORATION

034
限制顏色的數量，呈現簡潔俐落的設計

限制使用的顏色數量，統一成簡單且印象深刻的設計。當預算有限，必須限制用色時，這種技巧就能發揮效果。

Ps CC 2021　Ai CC 2021

CREATOR&PHOTO: Toru Kase

基本規則

使用「補色」來 配色

上圖的設計是使用接近**補色**（相反色）的範例。**補色**是指在**色相環**上，位於正對面 (180 度角) 的兩種完全互補的顏色。**相似色**是指色相環上相鄰的三個顏色，給人穩定、協調的印象。
使用對比強烈的顏色，比較能產生緊湊、簡潔俐落的感覺。上圖的範例使用比正對面的對比略微溫和的配色。此外，使用相似色時必須確保顏色間的對比度（右圖）。

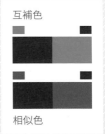

色相環有各種類型，在此是以洋紅色系為基準的 JIS 規格基本色做示範

119

01 按照資料的優先順序用單色排版

在 Illustrator 建立完成尺寸框 (182x257mm)，並編排必要元素 。首先，決定資料的優先順序，分類要放大處理及縮小處理的物件 。這個階段以思考構圖為主，所以先不決定用色，只用單色（黑白）排版。

02 先評估基本色再決定配色

決定構圖後，開始評估基本色  。此例選擇鮮豔的紅色，接著開始思考與基本色對應的顏色。使用有補色關係的配色，能夠製造強弱對比。紅色的補色是藍綠色，但是在圖   嘗試了綠色和藍色的組合，對比都不夠搶眼。

03 用紅色當作強調色，其他細節則用綠色來配色

大致完成配色後，再進一步思考各個元素的細節。此次的用色中，紅色屬於鮮豔明亮的顏色，所以把要強調的部分設為紅色，其餘設為綠色 。

此外，先在該顏色的「**色票選項**」對話視窗中，勾選「**整體**」選項，就能同時修改設定了相同色票的物件。評估配色時，使用這個功能很方便 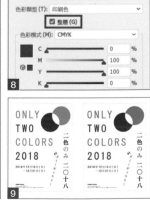，也能輕鬆用不同的色彩變化向客戶提案 9。

1 BASIC

2 TYPOGRAPHY

3 COLOR

4 TITLE & MARK

5 PHOTOGRAPHY

6 DECORATION

035
融合粉彩色調
營造浪漫氛圍

統一使用粉彩色的色調，製造浪漫氛圍。這次要設計的是由室內裝璜品牌主辦的活動海報，主題是「奇幻下午茶派對」。

Ps CC 2021　**Ai** CC 2021

CREATOR: Malko Ueda　PHOTO: Takanori Fujishiro

01　決定整體色調並準備照片素材

先決定整體色調。這次以藍色、粉紅色為基調，利用白色、黃色、淺紫色等粉彩色統整設計 **1**。收集符合下午茶派對的物品並拍照，從準備素材的階段開始，就要仔細決定整體的色調，這樣排版時才不會迷失。

02 建立 A4 大小的文件並裁切置入的照片

啟動 Illustrator，執行『檔案→新增』命令，建立 A4 大小（210×297mm）的新文件，置入照片後，將各個元素放在工作區域的中央，並以適當的比例裁切 **2** **3**。由於海報的上方要輸入標題，所以保留了適當的空間。

03 在海報上方的留白部分輸入拱形標題

活動海報的標題是「STRANGE TEA PARTY」。相較於工整排列，帶有動態感的編排會比較符合這次的主題。首先，要在「TEA PARTY」套用拱形效果，在此選用「Gin」字體。使用**橢圓形工具**繪製要套用拱形效果的橢圓形 **4**。接著，選取**路徑文字工具**，按一下橢圓形路徑，順著橢圓形輸入文字 **5**。雖然字數也會影響顯示結果，但是比起大幅彎曲的拱形，略帶弧度的拱形比較容易辨識文字。曲線上的字距常會顯得不自然，所以要逐字確認，調整成等距狀態。尤其是 A 等含有斜線的字母，兩側會比較空，所以要略微縮小字距。標題的顏色設為「Y：30」。在「TEA PARTY」上方輸入稍微縮小的「STRANGE」**6**，顏色設定為「M：20」。

04 日期也套用拱形效果

為了完成趣味十足的版面，日期也要彎曲處理，就像從茶壺倒出文字般的效果。使用和步驟 **03** 一樣的技巧，讓日期「2020.11.7.SAT」彎曲成拱形，最後調整整體比例就完成了 **7** **8**。

1 BASIC

2 TYPOGRAPHY

3 COLOR

4 TITLE & MARK

5 PHOTOGRAPHY

6 DECORATION

用黑白對比突顯設計

使用強烈的「對比」可以加深視覺印象。
此範例要用可以顯著表現明度差異的
「黑」與「白」來完成設計。

036

Ps CC 2021　Ai CC 2021　CREATOR: Wataru Sano

💎 **基本規則**

用對比強烈的顏色來加深印象

對比（contrast）強烈的顏色組合可以加強視覺印象。為
了方便您理解，這個範例使用了無色彩（白、灰、黑）的
「白」與「黑」並加上明度差異。圖左是完成的範例，圖
右是降低對比的範例。若使用色彩（用色相、飽和度、明
度）來表現，具有補色關係的顏色對比最強烈。強烈的顏
色雖然能吸引目光，但若再搭配高飽和度的顏色，可能
會顯得刺眼，必須特別注意。

01 使用 Illustrator 建立
新文件並製作版面

在 Illustrator 建立新文件。這次要製作
A4（橫幅）大小的宣傳單，使用**矩形
工具**繪製 A4 大小（297×210mm）的
矩形，在矩形邊線上按滑鼠右鍵，執
行『**建立參考線**』命令，轉換成參考
線 **1**，當作版面使用。

02 在 Photoshop 中將原始
照片變成黑白

在 Photoshop 開啟原始照片 **2**，執
行『**圖層→新增調整圖層→黑白**』命
令 **3**，開啟**新增圖層**對話視窗，維
持原始設定，直接按下**確定**鈕，照
片就會轉換成黑白影像，並在**圖層**
面板中，新增「黑白」圖層 **4**。利
用**內容**面板調整顏色，「**紅色：17、
黃色：-14、綠色：55、青色：49
、藍色：84、洋紅：54**」，讓影像黑
白分明。在此特別降低黃色的數值，
以加強黑色的部分 **5**。回到步驟 **01**
建立的 Illustrator 文件，置入調整後的
照片，並占滿整個版面 **6**。

03 在 Illustrator 輸入文字資料並放在照片上方

切回 Illustrator，在版面外輸入文字資料 **7**。這次要輸入較粗的文字，因此選擇字體「FOT- 筑紫ゴシックPro」，字體樣式為「U」**8**，大小設成84pt。在這個階段，為了方便操作，將文字設為白色。把文字資料移動到照片的左側，調整字距與行距。將「設定兩個字元之間的特殊字距」設為0，「設定行距」調整成 122pt **9**，以較小的文字輸入活動日期。

1 BASIC

2 TYPOGRAPHY

3 COLOR

4 TITLE & MARK

5 PHOTOGRAPHY

6 DECORATION

04 在文字下方繪製白色矩形 將文字的排列順序移至最 前，並改成黑色

在每行文字下方，置入白色矩形（白色背景）**10**。將文字資料拷貝一份到左邊，萬一需要修改，還有原始文字可以調整 **11**。接著對原本的文字資料執行『**文字→建立外框**』命令。

05 選取四個白色矩形 變成複合路徑

選取四個白色矩形與文字，按下**路徑管理員**面板中的「**減去上層**」**12**。這樣就會建立選取物件的複合路徑，用文字挖剪白色背景 **13**。

以互補色為主的
搶眼視覺設計

要製作家飾品牌的花瓶快閃店海報。
為了讓人留下深刻印象，有效運用了互補色。
這次選擇了藍色與偏橘色的黃色配色。

Ps CC 2021　Ai CC 2021　CREATOR: Malko Ueda　PHOTO: Takanori Fujishiro

037

1 BASIC

2 TYPOGRAPHY

3 COLOR

4 TITLE & MARK

5 PHOTOGRAPHY

6 DECORATION

01　建立參考線

使用 Illustrator 建立 A4 大小（210×297mm）的新文件，在中央繪製十字型參考線 。接著在工作區域往內 20mm 的位置建立參考線。這個步驟是先使用**矩形工具**，建立和工作區域一樣 A4 大小的矩形。接著在選取路徑的狀態，執行『**物件→路徑→位移複製**』命令，在**位移複製**對話視窗中，設定「**位移：-20mm**」、「**轉角：尖角**」、「**尖角限度：4（**預設值**）**」，按下**確定**鈕，就能在距離內側 20mm 的位置建立矩形 。在選取矩形的狀態，執行『**檢視→參考線→製作參考線**』命令。

02　置入以藍色為背景的花朵照片

此例準備了以藍色為背景的橘色花朵照片。參考步驟 **01** 的參考線，思考標題的位置再置入照片 。

03　編排元素

將標題等文字元素放置於參考線的內側 。文字統一設為偏橘的黃色「**M：45 Y：100**」，這是藍色的補色。由於文字的色調比較明亮，可能不易辨識，因此選擇較粗的字體「Azo Sans Uber Regular」，字體大小為 **120Q**。左右兩邊的文字選擇「Azo Sans Bold」字體。檢視整體比例，將標題放在參考線下方 10mm 的位置，再放置其他文字元素就完成了。

1 BASIC

2 TYPOGRAPHY

3 COLOR

4 TITLE & MARK

5 PHOTOGRAPHY

6 DECORATION

038
調整主色色調，利用同色系配色完成構圖

不使用大量顏色，決定一個當作「主色」的顏色，利用小幅色調變化，為設計增添深度。

Ai CC 2021　CREATOR: Wataru Sano

基本規則

使用同色系的配色

同色系的配色能以融合性佳且和諧的色彩來統一設計。這個範例是在整體使用加上色調變化（組合明度與飽和度來表現顏色的狀態）的同色系，完成穩重的設計風格。此外，同色系雖然融合性佳，卻可能讓人產生乏味的印象。假如想發揮強弱對比的效果，可以試著加強明度與飽和度的對比，或加入重點色。這個範例使用了白色文字確保易讀性，同時讓整個設計變得緊湊。

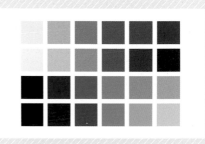

01 決定頁面的大小，建立版面

此範例要設計商店的名片，因此建立 55mm×91mm 的矩形 **1**。

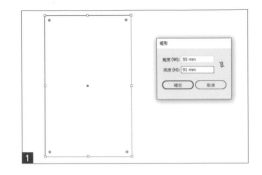

02 決定較深的主色

顏色太多會很難拿捏顏色的比例平衡，因此這次減少用色數量，統一使用同色系的色調。同色系能增加一致性，而且與單一用色相比，會較有深度。先用主色繪製一個 13mm 的正方形 **2** **3**，主色設定為「C：55 M：65」。

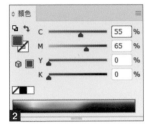

03 用主色繪圖並建立同色系的圖形

在步驟 **02** 繪製的圖形下方拷貝圖形，**填色**調整成同色系「C：34 M：40」 **4** **5**。

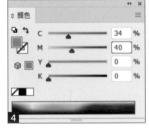

04 將兩個圖形套用漸變效果以產生中間色

選取剛才繪製的兩個圖形，執行『**物件→漸變→漸變選項**』命令，開啟**漸變選項**對話視窗，「**間距**」設定為「**指定階數：3**」，按下**確定**鈕 **6**。接著執行『**物件→漸變→製作**』命令，套用漸變效果 **7**。

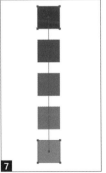

05 分割前面套用漸變效果的圖形

建立漸變的圖形會組成群組，所以要進行分割。執行『**物件 → 展開**』命令 **8**，開啟**展開**對話視窗，勾選「**物件**」，按下**確定**鈕 **9** **10**。執行『**物件 → 解散群組**』命令。這樣就能隨意操作圖形。利用到目前為止的步驟，取得兩種顏色之間的色調。

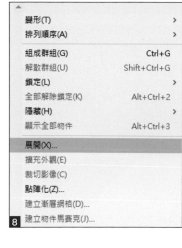

06 將雙色圖形排列成磚塊狀再輸入文字資料

使用步驟 **05** 取得的兩個漸變圖形，排列成 7 列 4 欄的磚塊狀 **11**。最後輸入文字資料 **12**。參考當初設定的商店名片大小（55×91mm），使用直徑 13mm 的正方形排列成 7 列 4 欄，讓四邊都能放入完整的正方形，最後的完成尺寸為 52×91mm 的名片。

1 BASIC

2 TYPOGRAPHY

3 COLOR

4 TITLE & MARK

5 PHOTOGRAPHY

6 DECORATION

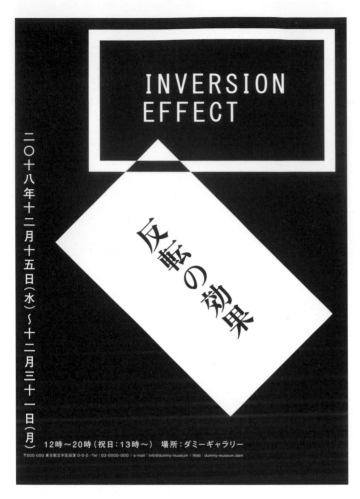

039
用反轉顏色
的技巧強調
重點

在紅色背景搭配白色元素
的設計中，反轉最想強調
的標題用色，顯示應注意
的重點。

Ps CC 2021　Ai CC 2021
CREATOR: Toru Kase

◆ 基本規則

只改變對重點的處理

在設計作品中，只針對某個部分改變周圍
與處理方法，就能製作出吸引目光的重
點。例如左圖空無一物的白色空間中，沒
有值得一看的對象。此時，加上一個黑點
(如右圖所示)，就可以製造空間感，我們
的目光就會落在該處。這個範例就是利用
這一點，在統一用色的設計中，只反轉標
題的顏色。

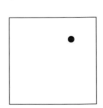

01 設定為單色印刷，並決定資料配置的優先順序

此範例要以單色印刷的方式來設計活動通知傳單，先決定資料的優先順序，再用 Illustrator 排版 **1**。此範例把要先顯示的「標題」放在主要位置，「舉辦期間」、「時間及場地」、「其餘資料」等內容，依照順序設定文字大小，並放置在頁面邊緣 **2**。

02 進一步強調「標題」的重要性

在標題的周圍設定「範圍」，進一步強調標題 **3**。此範例將背景設為黑色，只有標題區域改成白色背景，標題文字也從白色反轉為黑色。此外，日文及英文標題也要設定先後順序。此範例的日文標題比較重要，因此日文標題維持白色背景，英文標題恢復成黑色背景，只用線條來顯示區域的邊界 **4**。以整體設計來看，區域較小的位置（此範例是指在背景一片漆黑的設計中，面積比較少的白色部分）會比較引人注意。

03 用符合作品風格的顏色上色即完成

這次的範例不用上色也沒關係，但是最後選擇了高飽和度的「紅色」 **5**。使用的顏色雖然只有一種，卻利用反轉效果清楚顯示「第一眼應該注意的部分」。圖 **6** 是沒有反轉顏色的狀態，所以感受不到日文標題與英文標題的優先順序。此外，任何顏色都可以使用反轉效果，但是與白色對比愈強烈的顏色，效果比較明顯。

040
用分割畫面的色塊對比來傳達訊息

此範例要製作雙人演唱會的宣傳單。把頁面分割成兩等分並設成對比色，利用配色來整理資料。

Ps CC 2021　**Ai** CC 2021

CREATOR: Satoshi Kondo

使用素材：https://www.pakutaso.com/
粉紅色：
https://www.pakutaso.com/
20180127017post-14815.html
藍色：
https://www.pakutaso.com/
20160903251post-8954.html

利用配色整理資料

將資料整理得一目瞭然的方法有很多種，配色也有這種功用。運用具有意義的配色，例如同類型的資料使用共通的顏色來代表屬於相同群組，利用色彩強弱及面積比例顯示資料的優先順序，不僅能豐富色彩，也可以完成具有說服力的設計。這個範例使用了兩種顏色整理兩種資料。把相同形狀放在相對位置，統一兩種用色的面積與色調，代表這兩種資料的重要性是相同的。

01 用 Illustrator 製作 A4 尺寸的演唱會宣傳單

此範例要替兩位歌手製作 A4 尺寸的演唱會宣傳單。啟動 Illustrator，建立「寬度：210mm」、「高度：297mm」的新文件，並在工作區域內側設定邊界，設定邊界的步驟為：使用**矩形工具**建立當作外框的矩形路徑。在此建立與工作區域相同位置及大小的矩形，再使用**縮放工具**縮小 90%，完成外框。為了避免畫面過於單調，又要讓人清楚瞭解這是雙人演唱會，所以用**線段區段工具**繪製一條對角線 **1**，同時選取對角線及矩形外框，按下**路徑管理員**面板中的「分割」**2**，再分別用粉紅色及水藍色填滿分割後的路徑 **3** **4** **5**。

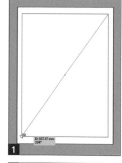

02 使用 Photoshop 將影像轉換成灰階

使用 Photoshop 開啟設計中要使用的影像並進行調整。這次是兩位歌手的演唱會，因此準備了兩張人物照片 **6** **7**。由於拍攝照片的場景與風格不同，因此影像的色調有很大的差異。為了統一風格，將兩張影像都更改成單色。先針對其中一張影像執行『**影像→模式→灰階**』命令，轉換成灰階模式 **8** **9**。

03 利用雙色調為影像上色

執行『**影像→模式→雙色調**』命令，選擇「**類型：單色調**」後，設定顏色 **10**。顏色和步驟 01 在 Illustrator 填滿的物件一樣，設成粉紅色 **11**。

1 BASIC

2 TYPOGRAPHY

3 COLOR

4 TITLE & MARK

5 PHOTOGRAPHY

6 DECORATION

04 另一張影像也同樣轉換成灰階

依照相同的作法，把另一張影像轉換成灰階，再利用雙色調上色。這裡使用和步驟 **01** 一樣的設定值，設成水藍色 **12** **13**。完成之後，對兩張影像執行『**影像→模式→ CMYK 色彩**』命令，轉換成 CMYK 影像。

ONE POINT

此範例不用特殊色印刷，所以轉換成 CMYK 模式（由於是單色，所以不用在意描述檔）。這張圖是維持雙色調狀態，儲存成 PSD 格式，置入 Illustrator 的色票面板。影像的顏色名稱是在**雙色調選項**對話視窗所輸入的「粉紅色」。

05 在 Illustrator 置入影像並進行排版

回到 Illustrator，置入已經調整完畢的影像並進行排版。把步驟 **01** 分割後的色塊再分成二等分。分別用影像取代分割後的色塊。

首先，在矩形外框上繪製一條與步驟 **01** 的對角線左右對稱的線條 **14**。選取所有物件，再次按下**路徑管理員**面板的「**分割**」**15**，分別將粉紅色與藍色色塊分成一半，共計分成四個物件 **16**。這裡為了方便各位瞭解，暫時移動、分離出路徑，如圖 **16** 所示。實際上的狀態和圖 **14** 一樣。完成分割後，執行『**物件→解散群組**』命令 **17**。

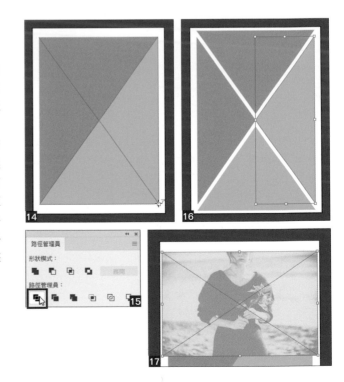

06 建立剪裁遮色片把影像剪裁成圖形的形狀

把圖 **17** 置入的粉紅色影像重疊在粉紅色色塊右邊的倒三角形上。接著要利用倒三角形來裁剪影像，必須先調整好位置與大小。完成準備後，將倒三角形路徑移動到影像的上層，同時選取兩者，按下 `Ctrl`（`⌘`）+ `7` 鍵（執行『**物件→剪裁遮色片→製作**』命令），剪裁遮色片 **18** **19**。利用相同步驟，置入水藍色影像，並用水藍色色塊建立剪裁遮色片 **20** **21** **22**。

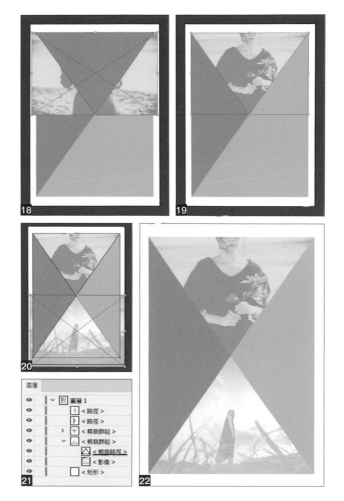

07 先整理底圖再編排文字

接著，先整理版面底圖，以方便後續編排文字資料。為了運用影像及色塊分割成四等分的版面，強調這是雙人演唱會，再次繪製兩條對角線 **23**，設定「**寬度：1pt**」的黑色線條 **24**。這裡要利用「X」線編排文字元素，由於線段超出外框 **25**，所以得調整成符合邊角的形狀。

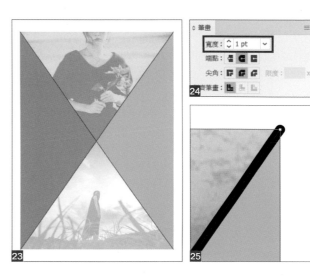

1 BASIC

2 TYPOGRAPHY

3 COLOR

4 TITLE & MARK

5 PHOTOGRAPHY

6 DECORATION

08 先處理對角線的邊角再編輯文字

再次建立和置入色塊及影像的矩形一樣大小的外框路徑，外框縮小成工作區域的 90%，並且移到最上層 **26**。同時選取這個外框路徑及剛才的兩條對角線，按下 Ctrl (⌘) + 7 鍵，製作剪裁遮色片。這樣就能讓對角線的邊角符合外框範圍 **27** **28**。接著置入文字元素，標題及歌手姓名以「X」線條為基準來排列 **29**。在歌手的名字之間，繪製「筆畫寬度：2pt」的線條，並用 6pt 的**間隔**自然區隔 **30**。

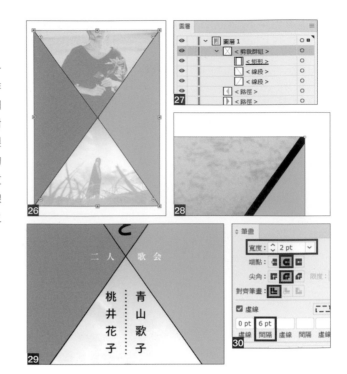

09 利用留白讓文字具有律動感

以超出外框的方式置入主要的文字元素，製造律動感，藉此整合頁面。文字「Humming Concert」選擇了與其他文字元素不同的手寫字體。稍微加上角度，突顯裝飾效果。同時讓頁面產生動態感 **31**。「うた」與「はな」設成白色，與留白做連結，增加空間的寬敞感 **32**，一邊增加畫面的厚度，一邊整理文字，完成作品 **33**。

041
用漸層營造夢幻氛圍

在整個畫面置入漸層，製作出夢幻的視覺作品。利用色調變化及重疊效果展現華麗感。

Ps CC 2021 CREATOR: Malko Ueda

1 BASIC

2 TYPOGRAPHY

3 COLOR

4 TITLE & MARK

5 PHOTOGRAPHY

6 DECORATION

◈ 基本規則

利用漸層

加入顏色呈現階段性變化的「漸層」效果，可以替設計增添律動感，也能帶來流動性，衍生出詮釋空間的效果。當然，配色本身也是表現影像風格的重點。這個範例在色彩豐富且平滑的漸層中，融入浮現出輪廓的圖樣漸層，詮釋出具有立體感的夢幻空間。

01 在 Photoshop 中製作基本漸層

依照設計的完成尺寸在 Photoshop 中建立新檔案。尺寸為 A4、解析度 350dpi。選取**漸層工具**，在畫面上方的**控制**面板選取「**線性漸層**」，按一下漸層縮圖（**按一下以編輯漸層**）**1**。開啟**漸層編輯器**視窗後，「色標」的左邊設為水藍色「R：126 G：206 B：244」，右邊設定成粉紅色「R：241 G：158 B：194」**2**。接著在「**位置：50%**」的中央追加色標，設定成紫色「R：143 G：130 B：188」**3**。

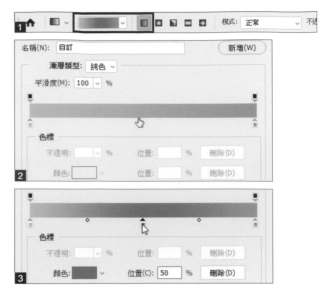

02 建立圓形色塊並在背景設定漸層效果

使用**漸層工具**從畫面上方往下拖曳，為整體套用漸層效果 **4**，接著將以此為基礎，加上其他顏色。首先，在下方加上暖色，選取**橢圓工具** **5**，在**控制**面板設定「**檢色工具模式：形狀**」、「**填滿**」設為偏紫的深粉紅色「R：255 B：255」**6**。在畫面上按一下，開啟對話視窗，繪製「**寬度**」與「**高度**」為「**150mm**」的正圓形 **7**。假如單位顯示為像素，請在**控制**面板的「W」或「H」的數值上按右鍵，顯示清單，選取「公釐」**8**，製作出圓形色塊 **9**。

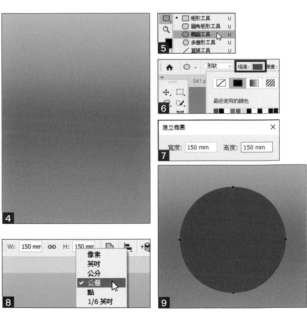

03 在色塊套用濾鏡，加上大片模糊效果

執行『濾鏡→模糊→動態模糊』命令 **10**，設定「角度：90」、「間距：2000像素」**11**。此外，選擇濾鏡時，會出現圖 **12** 的提示視窗，請選擇「**轉換為智慧型物件**」。

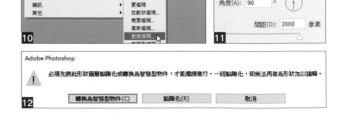

04 把套用模糊的漸層色塊放在下方

上個步驟製作出大片模糊的漸層狀物件 **13**。接著使用**移動工具**把物件移到畫面的下方，只顯示其中一點點，完成在淺粉紅色區域含有深粉紅色漸層的部分 **14**。

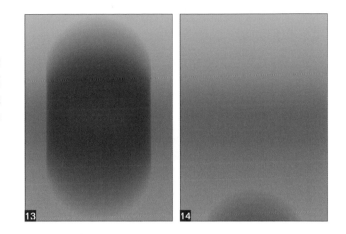

05 利用相同步驟加上暖色系及冷色系的色調

在深粉紅色的左右分別置入暖色系的顏色。步驟和前面一樣，在圓形色塊套用大片漸層，但是這次略微縮小，將圓形的直徑設為 **100mm**，一邊設定成偏黃的紅色「**R：255**」，另一邊設定為橘色「**R：255 G：150**」**15** **16**。此外，改變模糊濾鏡的種類，執行『**濾鏡→模糊→高斯模糊**』命令，設定「**強度：500 像素**」。底部用暖色系統一之後，接著在上方放置冷色系的色調。和下面的暖色系一樣，在中央放置用**動態模糊**濾鏡套用大片模糊的色塊，左右置入套用**高斯模糊**濾鏡的其他色塊。用色包括中央為水藍色「**G：255 B：255**」，左邊為深藍色「**G：100 B：255**」，右邊為黃綠色「**G：255 B：100**」**17** **18** **19**。

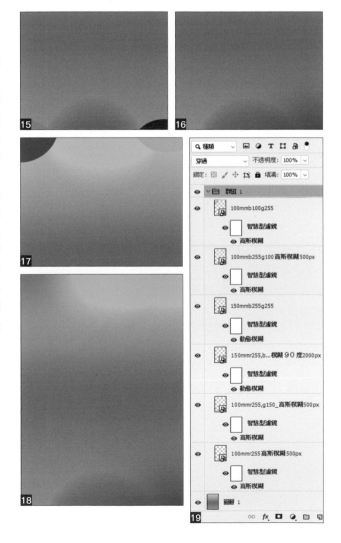

1 BASIC

2 TYPOGRAPHY

3 COLOR

4 TITLE & MARK

5 PHOTOGRAPHY

6 DECORATION

06 合成漸層圖樣，增加深度

完成漸層的基礎色塊後，按下 Ctrl（⌘）+ A 鍵，選取全部物件，接著按下 Shift + Ctrl（⌘）+ C 鍵，進行拷貝合併，接著按下 Shift + Ctrl（⌘）+ V 鍵，貼至新圖層。執行『濾鏡→扭曲→波形效果』命令，建立彷彿覆蓋在漸層上的波形圖案 20 21。將這個圖層設為「混合模式：實光」、「不透明度：40%」，與下層漸層融合 22 23。在平滑、輪廓模糊的漸層背景中，融入部分輪廓較清楚的條紋＆方格漸層，不僅讓整個設計產生了輕重緩急，也能感受到遠近感，這樣就完成視覺影像了。

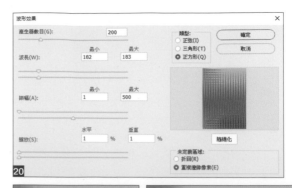

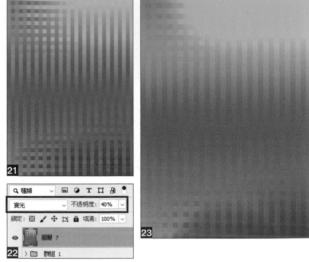

07 使用能襯托漸層的顏色編排文字即完成

在製作完成的背景上編排文字，就完成整體的設計。文字的顏色統一使用白色，藉此突顯漸層效果。首先在畫面內側 10mm 建立參考線 24，在參考線的四邊內側與中央編排文字。字體選擇「Brandon Grotesque Black」25 26。增加文字的間隔，讓人感受到寬敞的空間氛圍 27 28，這樣就完成設計了。

1 BASIC

2 TYPOGRAPHY

3 COLOR

4 TITLE & MARK

5 PHOTOGRAPHY

6 DECORATION

重疊顏色圖層
讓人感受到厚度

在色塊上排列文字的基本構圖中，
疊上文字與顏色的圖層，完成具有深度的設計。

Ai CC 2021　CREATOR: Satoshi Kondo

042

01 製作宣傳單的基本配置並在上面重疊色塊

此範例要使用 Illustrator 設計商店重新開幕的 A4 宣傳單。首先建立「**寬度：210mm**」、「**高度：297mm**」的新文件，輸入必要的文字元素，製作基本的設計構圖 。完成之後，置入色塊 。這個範例要建立和完成尺寸相同大小的 A4 矩形路徑，「**填色**」設成明亮的水藍色 ，當作背景置於最下層，而最上層大膽將粉紅色色塊疊在整個設計上 。粉紅色色塊為 170×257mm 的矩形路徑，置放在距離完成尺寸 A4 內側 20mm 的位置。

02 編修粉紅色色塊，呈現透出底圖的效果

現在文字被粉紅色色塊遮住而無法閱讀，所以要調整成可以透出底圖的狀態。合成色塊時，可在**透明度**面板設定「**漸變模式**」，但是這樣會讓色調產生變化，所以在此不使用這種方法。例如，圖  將粉紅色色塊設成「**色彩增值**」模式，與水藍色混合之後，顏色會變得比較混濁。因此，此範例要使用遮色片來表現透明部分。請選取並拷貝粉紅色色塊與文字  ，選取起所有複製出來的物件，按下 Ctrl（⌘）＋ 7 鍵（或執行『**物件→剪裁遮色片→製作**』命令），建立剪裁遮色片 ，就會依照粉紅色色塊來裁剪文字。選取套用剪裁遮色片的文字群組，將「**填色**」改成暗粉紅色  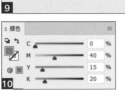。這個粉紅色是在色塊的亮粉紅色加上 20% 黑色的結果，因為變暗而能透出下層的黑色文字。此外，圖  ～ 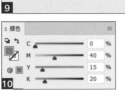 是隱藏原始物件的狀態，顯示全部物件後，會變成圖  的狀態。

03 製作「粉紅色色塊裁剪了文字形狀」的效果

接著，利用在粉紅色色塊裁剪出文字形狀的「窗戶」設計來表現重疊效果。在最上層置入和背景同樣為水藍色 (C：20 Y：5) 的文字，呈現出透視下層顏色的效果 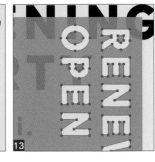。

04 製作從文字形狀的「窗戶」窺見黑色文字

為了表現從粉紅色色塊裁剪的「窗戶」中，看見下層黑色文字的效果，選取當作窗戶的水藍色文字以及下層的黑色文字 14，進行拷貝 15 16。變成窗戶的文字「RENEWAL」與「OPEN」分別形成複合路徑，同時選取兩者，按下 Ctrl + 8 鍵（或執行『物件→複合路徑→製作』命令），先整合起來。之後再選取拷貝出來的黑色文字群組 17，按下 Ctrl（⌘）+ 7 鍵，製作剪裁遮色片 18 19。

05 在最上層增加文字，讓畫面具有厚度即完成

整理圖層時，可以看到目前有六層結構 20，包括水藍色背景、黑色文字、粉紅色色塊、色塊透視的文字、成為窗戶的水藍色文字、從窗戶看到的黑色文字。最後，再增加其他文字資料，一邊整理版面一邊增加畫面的厚度 21。在畫面最上方輸入輕鬆的大型手寫體文字「Welcome」，當作視覺焦點。活動名稱與日期也再次放在右下方，以便閱讀。這個部分也以超出色塊的方式編排，增加設計的厚度。

1 BASIC

2 TYPOGRAPHY

3 COLOR

4 TITLE & MARK

5 PHOTOGRAPHY

6 DECORATION

把照片或圖畫等影像當作「顏色」使用的設計

設計作品時,「配色」是非常重要的主題之一。
這次要製作徹底發揮影像色調的設計。

043

Ps CC 2021　AI CC 2021　CREATOR: Wataru Sano　ARTWORK: Ryosuke Aruse

1 BASIC

2 TYPOGRAPHY

3 COLOR

4 TITLE & MARK

5 PHOTOGRAPHY

6 DECORATION

01 準備能清楚表現色彩概念的影像

此範例要設計尺寸為 100×147mm 的展覽會 DM。這次要把影像當作「顏色」，呈現在整個頁面中，所以必須先準備適合的素材。除了照片、圖畫、文字之外，其他還有各種可以當作「顏色」運用的素材及圖案。由於這次的切入點是展覽會，因此選擇插圖風格的「圖畫」。我們事先請人製作可以傳達概念，設定背景色（灰色）及用幾種顏色製作的插圖。取得素材後，提高解析度（這個範例設為 600dpi）再掃描。我們不用掃描器進行調整，而且檔案格式也使用了不壓縮的 TIFF 格式。儘管我們會用 Photoshop 編修影像，但是因為委外繪製插圖時，已經先指定了顏色，所以只去除雜訊，進行基本調整，不做色調修改。掃描後的影像略微模糊，所以執行『濾鏡→銳利化→遮色片銳利化調整』命令 **1** **2**。調整完畢，儲存檔案後再關閉。接著在 Illustrator 依照設計尺寸建立新檔案，然後置入影像與需要的文字資料。這次選擇了明朝體 **3** **4**。因為要把影像當作顏色來使用，所以文字設定成不會造成干擾的白色。

02 根據資料的強弱、易讀性以及與插圖的比例來排版

思考如何編排文字 **5**。斟酌資料的強弱以及與插圖的比例來編排文字內容。排版時，要妥善拿捏有無覆蓋在插圖上的比例，同時還要顧及到易讀性。完成文字排版後，再次微調影像配置，完成設計 **6**。

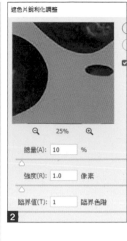

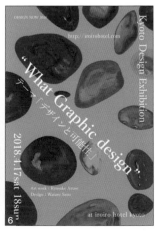

147

044
利用軟體的功能來思索配色

「對於配色總是無法拿捏……。」
遇到這種情況，可以利用 Photoshop 的色調調整功能來尋找配色的可能性。

`Ps` CC 2021　`Ai` CC 2021
CREATOR: Toru Kase

◈ **基本規則**

使用軟體功能模擬配色

在 Photoshop 及 Illustrator 這類設計工作用的軟體中，提供了各種調整色調的功能。只要利用這些功能，就能輕易更換製作中的設計顏色，嘗試配色類型。當你為配色感到苦惱或希望可以快速準備色彩變化時，這些功能就可以派上用場。

01 製作基本設計並
儲存成影像格式

此範例先利用 Illustrator 製作出色彩
繽紛的宣傳單 **1** 。連配色都設定完成
後，再利用 Photoshop 評估配色變
化。請在 Illustrator 中，執行『**檔案→
轉存→轉存為**』命令，把檔案儲存成
影像格式 **2** **3** 。由於要評估配色，所
以只要儲存成 Photoshop 可以開啟的
檔案格式即可，這個範例儲存成 JPEG
格式。此外，如果不利用轉存，而是
儲存成 Adobe Illustrator (ai) 格式時，
請勾選「**建立 PDF 相容檔案**」，就能
在 Photoshop 開啟 **4** 。

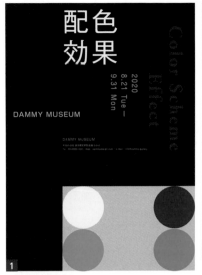

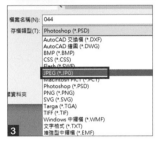

02 利用「色相 / 飽和度」
調整圖層改變色調

使用 Photoshop 開啟步驟 **01** 轉存的
影像，按下**圖層**面板中的**建立新填色
或調整圖層**，執行『**色相 / 飽和度**』
命令 **5** ，在影像圖層的上方會建立新
的調整圖層，接著左右移動**內容**面板
中的「**色相**」滑桿，就會同步調整影
像的色調 **6** **7** 。此外，執行『**影像→
調整→色相 / 飽和度**』命令，也能進
行相同調整，但是使用調整圖層可以
保持原始影像，透過**內容**面板隨時都
可以再次調整。

「**色相**」滑桿是用來調整色調，你也可
以視狀況改變「**飽和度**」與「**明亮**」。

1 BASIC
2 TYPOGRAPHY
3 COLOR
4 TITLE & MARK
5 PHOTOGRAPHY
6 DECORATION

03 用符合設計風格的 顏色完成作品

圖 **6** **7** 設定成「色相：-50」，這次
試著設定成「**色相：+100**」**8** **9**。
只要像這樣移動**色相**滑桿，就能輕鬆
嘗試色調變化。另外，重疊多個調整
圖層也能形成有趣的設計。圖 **10** **11**
是分別建立圖 **7** 與圖 **9** 的調整圖層
所完成的結果，兩者呈現出不同的新
色調。這種意料之外的效果或許能成
為掌握色彩印象的幫手。參考模擬結
果，視狀況回到 Illustrator 重新配色或
增加變化。

04 在 Illustrator 中也能 模擬配色

Illustrator 也有評估配色的功能，以下
要介紹**重新上色圖稿**功能。在圖 **1** 的
完成狀態，選取所有原始物件並拷貝
一份，接著按下控制面板的**重新上色**
圖稿圖示 (或執行『**編輯→編輯色彩→**
重新上色圖稿』命令) **12**，就會開啟
對話視窗，顯示目前使用中的顏色，
按下右下角的「**進階選項**」鈕，再按
下視窗上方的「**編輯**」鈕 (**編輯作用中**
的顏色) **13**。切換畫面後，按下右側
的「**連結色彩調和顏色**」及勾選左下
方的「**重新上色線條圖**」。這樣移動色
輪上的顏色時，就能改變工作區域上
的物件顏色 **14** **15**。由於其他顏色也會
同步調整，所以能保持原始配色的調
和狀態來模擬結果。如果想個別調整
顏色，請先關閉剛才的「**連結色彩調**
和顏色」功能。

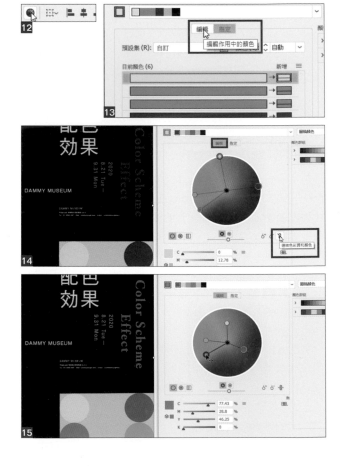

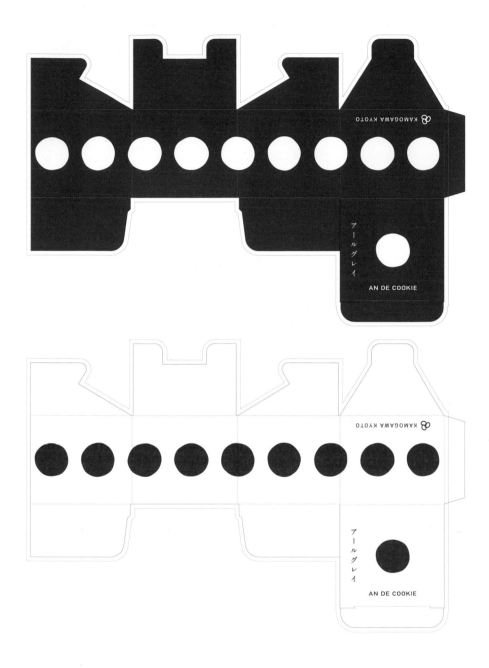

KAMOGAWA KYOTO

アールグレイ

AN DE COOKIE

善用紙張顏色的包裝設計

印刷平面設計最常用的素材非「紙張」莫屬，
本範例要介紹運用「紙張」顏色的設計。

Ai CC 2021　CREATOR: Wataru Sano

045

1 BASIC

2 TYPOGRAPHY

3 COLOR

4 TITLE & MARK

5 PHOTOGRAPHY

6 DECORATION

01　從設計主題決定主色

此範例要利用紙張的顏色設計包裝。一般會先決定設計的主要顏色（主色）。儘管主色會隨著企業或設計作品而改變，但是基本上都需要先決定一個主色。如果客戶已經指定了主色，請先詢問對方使用該種顏色的原因。客戶會選用這種顏色一定有理由、堅持的原則或故事，傾聽這一點，會強烈左右選色的好壞。如果客戶沒有指定顏色，就由我們來挑選。這次要製作餅乾的包裝，因此使用 CMYK 設定「伯爵茶」**1** **2**、「抹茶」**3** **4**、「巧克力」**5** **6** 等三種口味的顏色。你可以準備實物或參考資料來挑選顏色。

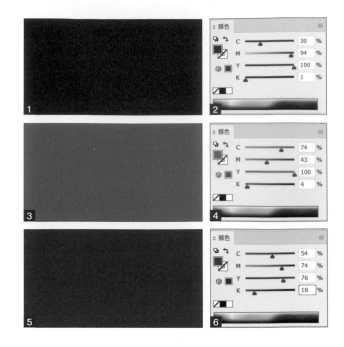

02　挑選能發揮紙張顏色的紋理藝術紙

若要用印刷方式呈現顏色，一般是以 CMYK 為基礎來製作，但是這次不用印刷，而是運用紙張本身的顏色來設計。這種方法最大的優點是能節省印刷費用。由各家造紙公司商品化的彩色紙張稱作「紋理藝術紙」。評估竹尾的「NT Rasha」、「Tant」**7** **8**，以及平和紙業的「五感紙」**9**，最後決定使用「Tant」進行設計。透過各大造紙公司的網站，可以確認包含圖示的紙張清單，也能購買紙樣，請視狀況加以運用。

TAKEO

https://www.takeo.co.jp/en/

平和紙業

https://www.heiwapaper.com.hk

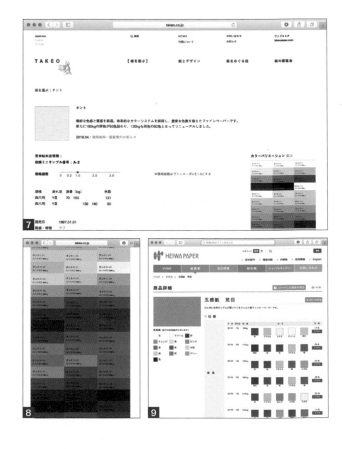

03 決定用紙再尋找符合色調的編號

參考前面決定好的 CMYK 值，從「Tant」紙張中，選擇符合的顏色。「伯爵茶」選擇「D-55」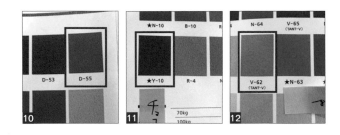，「巧克力」選擇「Y-10」，「抹茶」選擇「V-62」。

04 斟酌資料強弱、易讀性及與插圖的比例來編排內容

決定顏色之後，在 Illustrator 設定紙張尺寸，製作版面。假設這次的包裝是略微扁平的立方體盒子，製作出展開圖。在蓋子與側面規律地排列輪廓略微不規則的圓形，象徵圓形餅乾。由於這次是用紙張顏色表現各口味主色的平版印刷設計，因此當作不用油墨的特殊印刷（這裡是指壓印加工），只以黑色製作版面。圖是模擬各種口味的主色所挑選出來的紙張顏色，在蓋子與側面加入需要的文字（燙銀）就完成了。

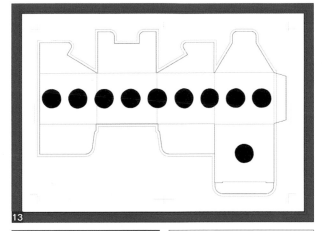

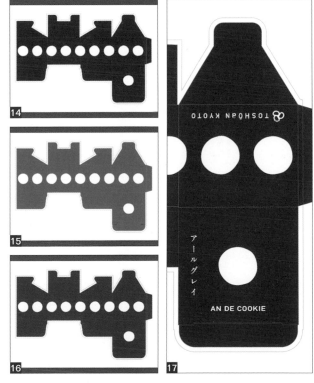

1 BASIC

2 TYPOGRAPHY

3 COLOR

4 TITLE & MARK

5 PHOTOGRAPHY

6 DECORATION

用兩種鮮豔的顏色
製造衝擊性效果

使用鮮豔的顏色，製作搶眼的視覺設計。
此範例要用插圖與文字設計古董市場的活動海報。

046

Ps CC 2021　Ai CC 2021　CREATOR: Malko Ueda

01　確認排版元素並決定用色

此範例要製作 A4 尺寸的古董市場活動海報。以符合商品形象的古董插圖為背景，編排標題與活動日期等文字資料。插圖與文字分別設定一種顏色，文字設成深藍色「C：100 M：70」，插圖設成鮮豔的粉紅色 (洋紅色)「M：90」**1** **2** **3**。

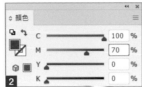 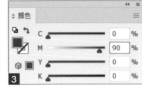

02　準備黑白插圖並使用 Photoshop 去背

準備黑白插圖，並用 Photoshop 開啟這些檔案進行去背處理。這次準備了多張古董線稿，如懷錶、銀湯匙等 **4** **5** **6** **7** **8** **9**。之後將以適當的比例放置在頁面中，並於插圖上加上文字。首先，選取整張影像，按下 Ctrl（⌘）＋ C 鍵拷貝影像，接著建立新圖層，按下**工具**列中的**以快速遮色片模式編輯** **10**。這樣新圖層會顯示成紅色 **11**，接著按下 Ctrl（⌘）＋ V 鍵貼上影像，然後選取**以標準模式編輯**，取消快速遮色片模式，背景部分就會建立選取範圍 **12** **13**，按下 Shift ＋ Ctrl（⌘）＋ I 鍵 (或執行『**選取→反轉**』命令)，反轉選取範圍，建立插圖部分的選取範圍，再用黑色填滿 **14**。圖 **15** 是完成去背後的影像。由於已經不需要原始的拷貝來源圖層，請隱藏或刪除。利用相同步驟，將所有插圖去背。

03 使用圖層樣式為插圖上色

在**圖層**面板的影像縮圖上雙按滑鼠左鍵，開啟**圖層樣式**視窗，選取「**顏色覆蓋**」，設定成先前決定的粉紅色  。檢視整體的狀態後再做調整，粉紅色的設定值最後調整成「C：12 M：90 Y：11」。加入些許藍色調，讓顏色與文字搭配變得比較和諧，完成影像上色 。依照相同步驟，把其他插圖影像都變成粉紅色。

04 在 Illustrator 將文字設為色彩增值，完成排版

在 Illustrator 建立 A4 尺寸的新檔案，在距離工作區域 10mm 及 30mm 的位置繪製參考線，當作排版基準。插圖對齊外側的參考線，文字對齊內側的參考線。先安排插圖 ，之後鎖定圖層，在上面建立新圖層，以鮮豔的藍色輸入文字。這種鮮豔的配色雖然可以吸引目光，卻不易讓視線停留，因此以占滿參考線的方式置入大型標題 ，並設定成「**漸變模式：色彩增值**」融合置入的文字 。使用**鋼筆工具**繪製弧形路徑，再用**路徑文字工具**輸入標題，將文字變成弧形，讓呈現出來的感覺比較柔和 。日期、時間、場地等文字，避免重疊在插圖上，以提高辨識度 。調整文字與插圖的比例，完成設計。

ONE POINT

強烈的色彩組合會彼此影響，雖然會產生強大的震撼力，卻可能出現文字不易閱讀或難以讓視線停留的問題。編排時要格外注意想強調或讓人閱讀的部分。

4

TITLE&MARK

標題、LOGO、標誌攸關設計給人的第一印象。
這一章將介紹設計遇到瓶頸時,
能立即派上用場的各種創意。

047
用水彩風格的 LOGO 與紋理表現手繪感

在此要用彷彿水彩暈開般的 LOGO 製作海報，並搭配紙張的質感，呈現更逼真的效果。

Ps CC 2021　**Ai** CC 2021

CREATOR: Hayato Ozawa (cornea design)

💎 **基本規則**

表現手繪風格

儘管現在已經是用數位呈現設計的年代，但是刻意反其道而行，採用手繪風格的表現手法也很受歡迎。獨一無二、隨興不規則的手繪風格可以衍生出來自手工的溫度、懷舊感、價值印象。想在平面設計展現手感的方法包括使用顏料素材，以及利用數位編修模擬等，請善用這兩種方法完成設計。

01　在 Illustrator 中輸入文字，建立外框後再編修

在 Illustrator 建立 A4 新文件，並輸入文字。字體使用「A1 明朝 Std Bold」、大小設為約 302pt。執行『文字→建立外框』命令，將文字外框化後，「填色」設為黑色「K：100」、「筆畫」設成白色 **1**，並設定「筆畫寬度：9pt」，擴大白色的筆畫寬度，覆蓋文字的細節部分 **2** **3**。接著按下路徑管理員面板的「形狀模式：聯集」，執行『物件→複合路徑→製作』命令（ Ctrl （⌘）＋ 8 鍵） **4** **5**。雖然處理之後，外觀沒有變化，但是原本「彩」與「水」為個別的複合路徑 **6**，按下「形狀模式：聯集」後，重疊的部分會合併成路徑群組 **7**，最後，成為前後沒有關係的單一複合路徑 **8**。

02　刪除文字周圍的筆畫寬度，製造擦痕形狀

執行『物件→路徑→外框筆畫』命令，把文字的「填色」與「筆畫」外框分離成個別的複合路徑 **9** **10**。接著按下路徑管理員面板的「形狀模式：減去上層」**11**，就能刪除筆畫寬度，完成帶有擦痕形狀的路徑群組 **12**。

03　用扭曲與變形在文字輪廓隨機加上密集的凹凸效果

執行『效果→扭曲與變形→粗糙效果』命令，縮小「尺寸」的值、增加「細部」的值、「點：尖角」，在文字輪廓加上密集的凹凸 **13** **14**，呈現出用墨水書寫文字的暈染效果 **15**。

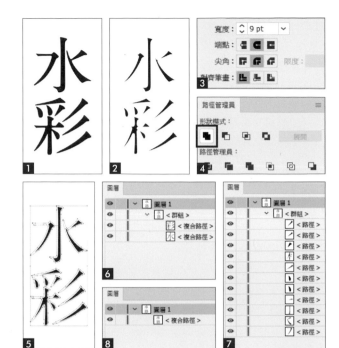

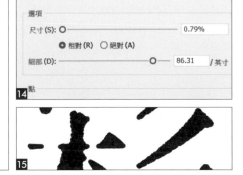

04 在 Photoshop 準備變成 水彩風格的圖層遮色片

根據海報的尺寸，在 Photoshop 建立新檔案，拷貝＆貼上在 Illustrator 完成編修的文字 。接著按下**圖層**面板下方的**建立新群組**鈕，按住 Ctrl（⌘）鍵不放並按一下文字的圖層縮圖，載入選取範圍 17，再按下**增加圖層遮色片**鈕 18，就能建立含有文字形狀遮色片的群組 19。

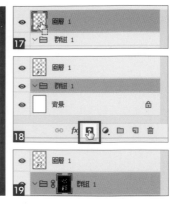

05 準備水彩紋理並與 文字合成

準備用水彩顏料繪製的影像，並置入畫面中 20，複製幾個圖層，放入圖 19 的群組資料夾內 21。由於群組內的影像覆蓋了文字形狀的遮色片，按住 Ctrl（⌘）鍵不放並拖曳影像（或使用**移動工具**），讓水彩紋理重疊在文字上，調整到適合的位置 22，就完成水彩風格的文字了。

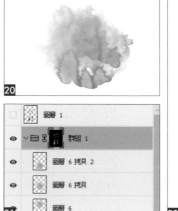

06 置入部分紋理， 調整文字的形狀

檢視文字的比例，在需要增加寬度的部分合成水彩紋理，製作出顏料暈染的效果。首先拷貝素材圖層，移到想調整的位置 23。接著在該圖層套用**增加圖層遮色片**，在遮色片中，利用黑色**筆刷工具**將不要的部分塗黑蓋住 24 25，對齊要調整的文字輪廓位置 26。依照相同步驟在其他筆劃加入部分紋理，調整文字的形狀。

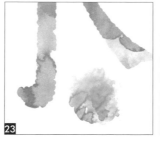

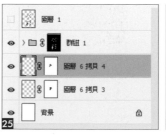
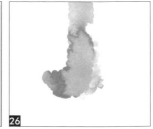

07 調整文字形狀後，
再調整色調改變顏色

合成紋理之後，就能完成顏料暈染效果的文字 **27**。接著將文字顏色調整成符合海報風格的色調。按下**圖層**面板中的**建立新填色或調整圖層**鈕，執行『**色相／飽和度**』命令，大幅降低飽和度，變成沉穩的綠色調 **28 29**。

08 利用曲線調整顏色濃度

按下**圖層**面板中的**建立新填色或調整圖層**鈕，執行『**曲線**』命令，把曲線中央往下移動，調整文字的顏色濃度 **30 31**。

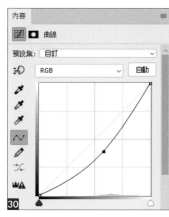

09 在整體覆蓋紙張紋理，
加強手繪感即完成

準備真實的紙張紋理素材 **32**。在海報四周保留些許留白，將紙張紋理置於最上層，設定「**混合模式：色彩增值**」**33**。接著在海報加上必要的文字元素就完成了。暈染的文字與紙張皺摺自然融合，完成逼真的手繪風格 **34**。

1 BASIC

2 TYPOGRAPHY

3 COLOR

4 TITLE & MARK

5 PHOTOGRAPHY

6 DECORATION

048
改變文字大小
設計出律動感
的 LOGO

利用大小不一的文字，製作
出具有律動感的標題文字。

Ai CC 2021　CREATOR: Satoshi Kondo

01　逐一輸入標題的每個文字
　　　當作個別物件

在 Illustrator 建立新文件，準備文字元
素。個別輸入標題中的每一個字，建
立獨立的文字物件 **1** **2**，字體選擇
「ヒラギノ明朝 StdN W3」。

💎 **基本規則**

用生動的標題文字吸引目光

主題或標題必須設計出讓人一眼就注意到的效果。方
法有很多種，包括提高跳躍率，使用高對比的鮮豔配
色，加上裝飾等。這個範例使用了大小反差極大的文
字，製作出有律動感的標題來吸引目光。不用讓人瞭
解單字的意思，而是利用大小不一的文字，讓人感
受到瞬息萬變的神奇效果，同時對「ふぞろい(不一
致)」這個詞產生認同感，達到吸引觀看者的目的。

02　標題文字要隔字設定成不同大小

此步驟要調整文字的大小。隔字選取標題文字，執行『**物件→變形→個別變形**』命令，圖 **3** 的粉紅色文字就是選取的部分。接著在**個別變形**視窗中，將「**縮放**」的「**水平**」與「**垂直**」皆設定成 300%，放大文字 **4** **5**。

03　思考字義與可讀性

改變文字的組合方式，評估整體的比例 **6**。斟酌字義與可讀性，縮小正中間的「の」字，放在具有凝聚力的位置上 **7**。

04　統一文字的粗細，只將助詞改成黑體

接著要統一文字的粗細。由於小的文字看起來比較細，所以要依照放大後的文字來調整粗細。這個範例中的大型文字使用了「ヒラギノ明朝 StdN W3」字體，小型文字使用的是「ヒラギノ明朝 StdN W8」字體（只有長音使用「ヒラギノ明朝 StdN W2」）**8**。最後將正中央的「の」改成黑體（「ヒラギノ角ゴ StdN W8」），統一呈現效果並加上重點 **9**。改變格助詞的字體也能有效區隔字義。

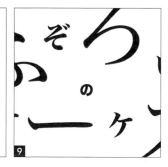

ONE POINT

通常，文字愈大愈粗，愈小愈細。因此當文字要設成不同大小時，要注意比例平衡。

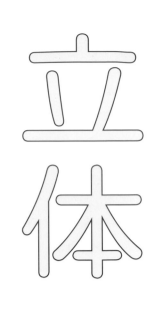

049

利用立體字製造存在感

替文字加上厚重的深度，可強調存在感。

Ai CC 2021　CREATOR: Toru Kase

01　輸入基本文字並建立外框

在 Illustrator 輸入文字，執行『**文字→建立外框**』命令，先將文字外框化。接著拷貝＆貼上文字，放在其他地方，當作用來製作立體陰影部分 **1**。再次拷貝文字，執行『**編輯→就地貼上**』命令，將文字拷貝到相同位置 **2**。

💎 **基本規則**

利用立體文字製造存在感

立體文字是廣告等常用的文字加工方法。妥善運用在主題或標題上，可以產生強烈的存在感。這個範例是在黃色文字加上黑色陰影，利用高對比的配色增加分量。此外，還可以搭配紋理或圖樣，呈現不同的效果。

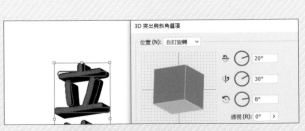

這個範例使用了**漸變工具**來製作立體文字。你也可以在 Illustrator 執行『**效果→ 3D**』命令，製作 3D 物件，還可以設定對應線條圖。

02 把就地貼上的文字往右上方移動

選取就地貼上的上層文字，在**工具列**的**選取工具**上雙按滑鼠左鍵，開啟**移動**對話視窗，接著在「**水平**」輸入正值，「**垂直**」輸入負值，思考陰影深度，往右上方移動 **3**。這個範例是往右移動 10mm，往上移動 8mm **4**。

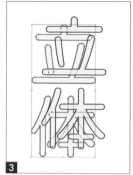

03 利用漸變功能製作文字的深度部分

為了把深度部分變成陰影，選取前後的文字，將「**填色**」設成「**K：100**」，用黑色填滿 **5**。接著將「**筆畫**」設成**無**，執行『**物件→漸變→漸變選項**』命令，把「**間距：指定階數**」設定成「**100**」**6**。執行『**物件→漸變→製作**』命令 **7**。

04 將原始文字重疊在上層調整位置即完成

完成深度部分後，把原始文字放在前面。假如角度有疑慮，請進行微調，這樣就完成了 **8** **9**。如果要對齊原始文字的位置，使用**對齊**面板就很方便。選取上下層文字，按下「**水平齊右**」及「**垂直齊上**」，就能放在適當的位置 **10**。

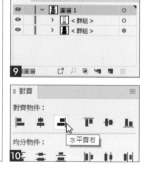

ONE POINT

使用**群組選取工具**選取漸變物件的文字，可以利用錯開位置的方式調整深度與角度。假如想調整漸變的設定，請重新設定**漸變選項**。「展開」之後就不易調整。

1 BASIC
2 TYPOGRAPHY
3 COLOR
4 TITLE & MARK
5 PHOTOGRAPHY
6 DECORATION

TO DEFINE IS TO KILL.
TO SUGGEST IS TO CREATE.

CORNEA DESIGN

3F, 15-8, DAIKANYAMA-CHO, SHIBUYA-KU, TOKYO, 150-0034, JPN

3F, 15-8, DAIKANYAMA-CHO, SHIBUYA-KU, TOKYO, 150-0034, JPN

3F, 15-8, DAIKANYAMA-CHO, SHIBUYA-KU, TOKYO, 150-0034, JPN

描繪文字形狀的軌跡，
讓 LOGO 產生動態效果

利用浮現出彈簧線條的圖形，
設計具有動態效果的 LOGO，吸引觀看者的目光。

050

Ps CC 2021　　Ai CC 2021　　CREATOR: Hayato Ozawa (cornea design) 使用素材: iStock

01 文字建立外框
並設定筆畫寬度

使用 Illustrator 建立新文件，輸入要製作成 LOGO 的文字。為了加工成線條時，能呈現整齊一致的結果，盡量選擇較粗的字體 **1**。輸入文字後，執行『**文字→建立外框**』命令，將文字外框化。接著使用**直接選取工具**刪除內側的線條 **2** **3**，調整形狀，讓填滿面積較大的外側線條變成封閉路徑。

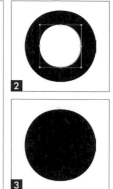

02 只把黑線轉換成路徑
並設定筆畫寬度

文字的「**填色**」設成「**無**」，「**筆畫**」設成黑色「**K：100**」，「**筆畫寬度**」設定成「**1.5pt**」**4** **5**。這裡設定的筆畫寬度將成為線狀文字的粗細。

03 調整成大小不一的狀態並
隨機放置文字

隨機擺放文字並設成不同大小 **6**。接著選取其中一個文字，執行拷貝＆貼上，接著執行『**物件→排列順序→移至最後**』命令（ Shift ＋ Ctrl （ ⌘ ）＋ [鍵），移動到最下層，縮小放在較遠的位置 **7**。把拷貝後的文字設定成比原來更細的「**筆畫寬度**」，這裡設定成「**0.25pt**」**8**。

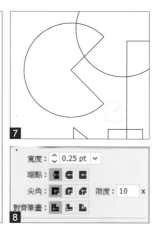

04 將大小文字套用漸變效果
並增加連接兩者的線條

同時選取大小文字，執行『**物件→漸變→漸變選項**』命令，設定「**指定階數：50**」**9**，接著執行『**物件→漸變→製作**』命令，增加連接大小文字、逐漸變化的文字形線條 **10**。

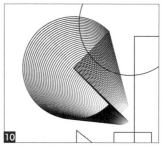

1 BASIC

2 TYPOGRAPHY

3 COLOR

4 TITLE & MARK

5 PHOTOGRAPHY

6 DECORATION

05 拷貝所有文字後再套用漸變效果

同樣拷貝其他文字，縮小後調整「**筆畫寬度：0.25pt**」，執行『**物件→漸變→製作**』命令 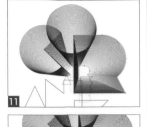 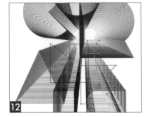。拷貝後的小文字集中放在整個物件的中央。圖  是完成所有文字加工後的狀態，製作出從畫面中央放射出文字的感覺。

06 小文字設定和背景同色，呈現逐漸融合的效果

在背景加上矩形路徑，「**填色**」設為黃色「**Y：100**」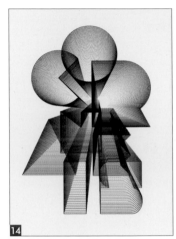。利用**群組選取工具**或**直接選取工具**選取一個大型文字，「**筆畫**」設定成「**C：100**」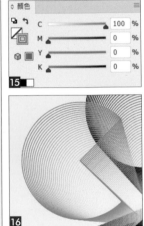，小文字的「**筆畫**」設定成與背景同色「**Y：100**」，呈現出文字的顏色往內側逐漸與背景同化的效果 16。

07 其他文字也逐一設定筆畫顏色，最後再置入必要文字即完成

其他文字同樣把小文字的筆畫顏色設成黃色「**Y：100**」，大文字的文字顏色穿插設定成綠色「**C：75 Y：100**」及洋紅色「**M：100**」，讓色調產生變化 。最後放置海報需要的文字就完成了 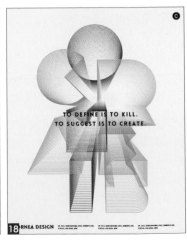。

1 BASIC

2 TYPOGRAPHY

3 COLOR

4 TITLE & MARK

5 PHOTOGRAPHY

6 DECORATION

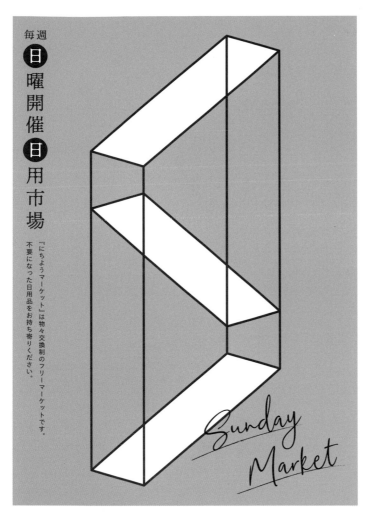

每週

日曜開催 **日**用市場

『にちようマーケット』は物々交換制のフリーマーケットです。不要になった日用品をお持ち寄りください。

051
利用錯視製作設計元素

利用錯視製作簡單的圖形，完成吸引目光的神奇宣傳單。

Ai CC 2021　CREATOR: Satoshi Kondo

◈ 基本規則

錯視與設計

相信大家都知道利用錯視（視覺的錯覺）能形成視覺陷阱，把這種乍看之下不可思議的現象加入設計中，能產生特別的效果。相對來說，假設遇到「原本希望物件整齊劃一，卻因為錯覺而沒有對齊」時，可以刻意改變長度，進行在視覺上對齊的調整處理。

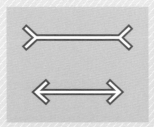

水平線的長度一樣，但是上面看起來比較長

★的顏色一樣，卻因為背景而顯得亮度不同

01 建立宣傳單的基本設計，繪製主要圖形

此範例要設計 A4 大小的宣傳單，在 Illustrator 建立「寬度：210mm」、「高度：297mm」的新文件，接著使用**矩形工具**繪製「寬度：120mm」、「高度：20mm」只設定填色的矩形 **1** **2**。選取這個矩形，執行『**效果 → 3D → 突出與斜角**』命令，變成立體形狀 **3**。在此設定「**表面：透視效果**」，因此變成立體形狀的線稿 **4**。

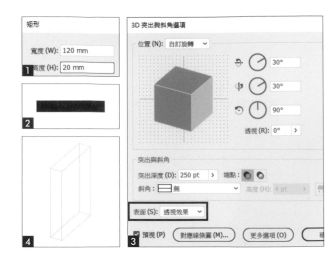

02 套用「擴充外觀」，整理路徑

在套用「突出與斜角」的狀態下很難編輯 **5** **6**，因此先整理資料。首先執行『**物件→展開外觀**』命令，變成能隨意處理的路徑群組狀態 **7** **8**。圖 **7** 是剛展開後的**圖層**面板狀態，此時所有的路徑都重疊了相同形狀的透明路徑，因此為了整理這些路徑，先執行『**物件→剪裁遮色片→釋放**』命令，解除遮色片，接著只選取所有透明路徑 **9**，按下 Delete 鍵刪除 **10**。假如想一次選取起多個「筆畫」與「填色」都一樣的路徑，執行『**選取→相同→填色與筆畫**』命令，就很方便。

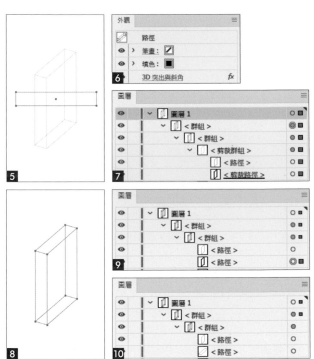

03 完成圖形的外框後，置入宣傳單的版面中

將圖形放大至整個畫面，把**筆畫**面板中的「寬度」設定為「**3.75pt**」**11**，同時設定「端點：圓端點」、「尖角：圓角」，調整邊角的處理方式 **12**。

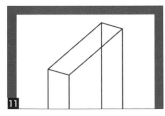

1 BASIC

2 TYPOGRAPHY

3 COLOR

4 TITLE & MARK

5 PHOTOGRAPHY

6 DECORATION

04 讓圖形與宣傳單居中對齊

先把圖形放在宣傳單中央。建立和工作區域相同尺寸的 A4（210mm×297mm）矩形路徑，並同時選取圖形 13，接著在**對齊**面板中，按下「**水平居中**」及「**垂直居中**」14，在選取兩者的狀態下，於**變形**面板中，把物件左上方錨點的「**X**」與「**Y**」皆設為「**0mm**」15。

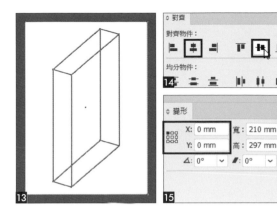

05 使用「鏡射工具」反轉並拷貝上方的路徑

選取圖形上方的平行四邊形路徑，在**工具列**的**鏡射工具**上雙按滑鼠左鍵 16，開啟對話視窗，設定「**座標軸：水平**」，按下「**拷貝**」鈕，反轉並拷貝路徑 17 18。

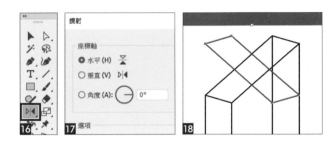

06 檢視整體比例並調整版面

將反轉後的路徑移到宣傳單的中央。和前面一樣，利用**對齊**面板與**變形**面板讓路徑居中對齊。另外，執行『**檢視→智慧型參考線**』命令，並在**屬性**面板中，按下**顯示中心點**，顯示反轉路徑的中心點 19，把中心點拖曳到宣傳單的矩形框中央也可以居中對齊 20。接著，決定配色，背景設為「**C：20 M：25 Y：35**」，圖形的「**筆畫**」全設成紅色「**C：25 M：100 Y：100**」。為了強調錯視效果，將圖形內顯示成「**S**」形的路徑，設定成「**填色：白色**」21，最後輸入文字資料就完成了 22。

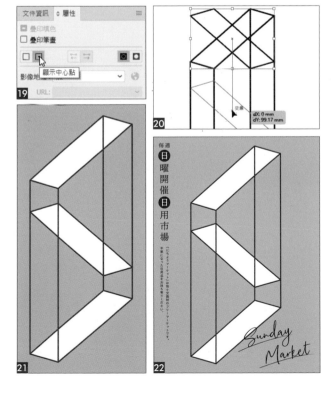

文字に
ニュアンスを
与える

Moji Ni Nuance Wo Ataeru

052
有微妙變化的文字輪廓

在文字的輪廓加上密集、不規則的凹凸起伏，可以呈現與其他文字截然不同的存在感。

Ps CC 2021　Ai CC 2021
CREATOR: Toru Kase

01　準備基本素材並轉存成影像格式

使用 Illustrator 製作要編修的文字及 LOGO **1**。由於後續會執行點陣化，並在 Photoshop 進行編修，因此先搭配最後使用的版面來調整設計。此範例將文字建立外框，但是直接使用原始文字也沒關係。執行『**檔案→轉存→轉存為**』命令，在「**存檔類型**」選擇「**JPEG（ *.jpg）**」影像格式，按下**轉存**鈕。由於要在灰階模式下編修，因此設定「**色彩模式：灰階**」，**2**。

1
与 ニ 文
え ュ 字

Moji Ni
Nuance Wo

2

影像
色彩模式 (C)：　灰階
品質 (Q)：　　　　　　　　10　　最高
　　　　　較小檔案　　　較大檔案

選項
壓縮方式 (M)：　基線最佳化
解析度 (R)：　　高 (300 ppi)
消除鋸齒 (A)：　最佳化文字 (提示)　(i)

💎 **基本規則**

在文字加上微妙變化

對文字執行特殊處理，製造出與其他元素的差異，就能提升存在感。當你希望巧妙地展現差異性，不需要用華麗的裝飾，只要先學會幾種這樣的處理方法，就可以派上用場。

Moji Ni
Nuance
Ataeru

Moji Ni
Nuance
Ataeru

02 放大貼上文字後的版面

使用 Photoshop 開啟轉存的影像。此時素材的輪廓剛好重疊在版面的邊緣，很難編修 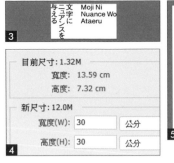，因此先執行『影像→版面尺寸』命令，擴大版面 。此外，在 Illustrator 轉存檔案之前，先在素材周圍放置當作留白的透明矩形路徑，就能依照矩形大小開啟檔案 。

03 在文字套用些許模糊效果並加上密集的雜訊

執行『濾鏡→模糊→高斯模糊』命令，在文字套用些微模糊效果 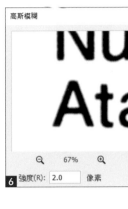，接著執行『濾鏡→雜訊→增加雜訊』命令 。請一邊檢視狀態，一邊將這兩種濾鏡效果調整成適當的設定值。雜訊太強會蓋住文字，必須要設定成可以清楚看到文字輪廓的程度。

04 將影像轉換成點陣圖，調整邊緣的變化即完成

執行『影像→模式→點陣圖』命令，設定「使用：50% 臨界值」，比 50% 還亮的雜訊會變白，比 50% 還暗的雜訊會保留下來。陰暗的雜訊會集中在文字的輪廓上，所以以邊緣變成密集的鋸齒狀態 。接著執行『影像→模式→灰階』命令，設定「尺寸比率：1」，恢復成灰階，再執行『濾鏡→雜訊→污點和刮痕』命令，稍微控制輪廓的粗糙程度，這樣就完成了 。儲存影像檔案，置入設計作品中再使用。

1 BASIC

2 TYPOGRAPHY

3 COLOR

4 TITLE & MARK

5 PHOTOGRAPHY

6 DECORATION

053
把現有的符號變成視覺焦點

利用問號、驚嘆號等現有符號來設計作品。

A1 CC 2021 CREATOR: Satoshi Kondo

善用容易瞭解的符號

利用「問號」及「驚嘆號」等文字符號的意義與性質,可以製作出吸引目光的設計元素。選擇符合設計內容的符號,搭配適當的影像,就能設計出有意境的視覺焦點。

01 使用問號製作設計元素

啟動 Illustrator，執行『檔案→新增』命令，建立「寬度：210mm」、「高度：297mm」的新文件，接著使用**文字工具**輸入各種字體的「？」。

02 選取幾種不同設計的「？」字體

選擇幾個能容易分辨「？」且性質不同的字體 **2**。這裡選擇了四種字體，包括基本且線條較粗的黑體、較細的黑體、較寬的明朝體、寬度窄且線條粗的明朝體。這次要設計的是會出現各種白米的「品米大賽」，因此使用多種字體來展現變化豐富的概念。

03 調整大小並搭配照片

即使「字體大小」一樣，每種字體的問號大小也不相同。因此搭配白米影像時，要稍微調整問號大小，呈現一致的強度 **3**。

04 編排成發揮視覺焦點的版面

輸入文字資料，編排剛才製作的「？」符號。這個設計是以日文為主，所以選擇了直式排版 **4**。

1 BASIC

2 TYPOGRAPHY

3 COLOR

4 TITLE & MARK

5 PHOTOGRAPHY

6 DECORATION

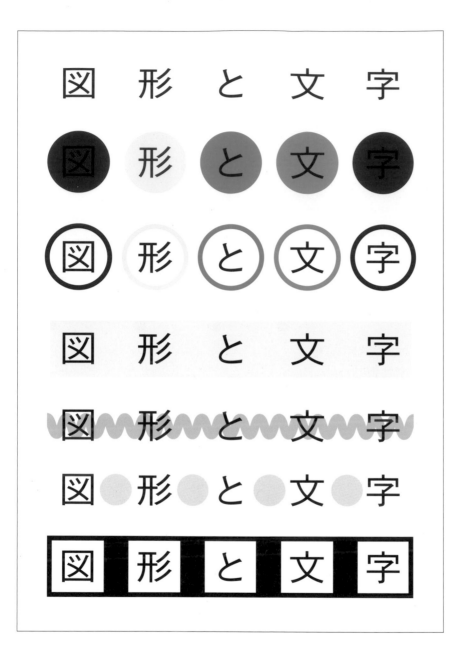

組合簡單的圖形與文字

覺得文字缺乏存在感，卻又不想增加字級時，
可以使用這種方法。

Ai CC 2021　CREATOR: Toru Kase

054

1 BASIC
2 TYPOGRAPHY
3 COLOR
4 TITLE & MARK
5 PHOTOGRAPHY
6 DECORATION

01 先儲存各種處理標題的點子

這次要介紹想稍微強調標題等文字的存在感時，能立刻派上用場的裝飾點子。首先是「加上圓形底圖」、「用圓形圍繞文字」的方法。每個字分配不同的顏色營造律動感，呈現繽紛歡樂的氛圍。以孟塞爾顏色系統的基本五色相（紅黃綠藍紫）為概念，設成紅色「M：100 Y：100」、黃色「Y：100」、綠色「C：100 Y：100」、藍色「C：100」、洋紅色「M：100」。

02 在文字部分加上色塊、線條或帶狀

使用相同字級，在文字襯上帶狀形狀，也能增加存在感 **2**。斟酌可讀性與比例，調整帶狀的強度，除了標題之外，想自然強調本文時，也能派上用場。圖 **2** 下方的範例是在文字疊上像是用麥克筆繪製的波浪線條。若要製作波浪線，先畫出水平路徑，設定「**筆畫寬度**」**3**，執行『**效果→扭曲與變形→鋸齒化**』命令，設定「**點：平滑**」，路徑就會變成波浪線 **4 5**。「**各區間的鋸齒數**」的數值愈大，波浪起伏愈多。此外，若設定「**點：尖角**」，就會產生鋸齒狀。接著在**透明度**面板中，設定「**漸變模式：色彩增值**」，讓線條與文字融合 **6**。

03 在文字之間夾入圖形

還有在文字之間夾入圖形，當作重點的方法。圖 **7** 上面的例子是夾入偏黃的灰色圓形「Y：10 K：10」。要注意裝飾的強弱，避免降低易讀性。圖 **7** 下方的例子是在各個文字的背景加上白色正方形色塊 **8**，並在最下面置入包圍所有文字的黑色矩形 **9**。

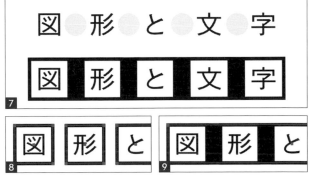

177

利用漸層讓文字
融入照片裡

讓標題 LOGO 融入照片中的南方天空，
呈現一致的風格，吸引觀看者的目光。

055

Ps CC 2021　Ai CC 2021　CREATOR: Hayato Ozawa (cornea design)　使用素材: iStock

💎 基本規則

和照片的風格合而為一

整合標題與主照片等不同元素，可以形
成更強烈的震撼力。這個範例是在南
方國度的天空，搭配以手寫字體為主的
LOGO，利用聯想到灑落陽光的黃色漸
層，讓兩者合而為一，再利用同色外框
展現整體性，加強設計感。

01 準備原始 LOGO 並略微傾斜

使用 Illustrator 建立新文件，輸入原始文字 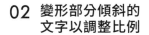。此範例主要的文字使用了英文手寫字體「Belinda」，「**字體大小**」只有「G」是「**96.96pt**」，其餘為「**74.79pt**」。使用簡單的無襯線字體「Miso Light」，設定「**字體大小：23.5pt**」輸入附屬文字。完成文字的配置後，使用**選取工具**拖曳邊框，或選取**旋轉工具**，讓文字略微往右上方傾斜 **2**，角度為 8.5 度左右。

02 變形部分傾斜的文字以調整比例

由於兩種字體的傾斜狀態不一致，所以要調整出 LOGO 的統一感。選取**任意變形工具** **3**，往右方拖曳「RECORDS」的上方控點來變形 **4**。

ONE POINT

使用**任意變形工具**傾斜變形文字時，要將游標移動到邊框上方中央（或下方中央）的側邊控制點，變成圖中的圖示時，按住 Shift 鍵不放並往右（或往左）拖曳，保持物件的高度再變形。

03 在相同位置拷貝文字並設定「筆畫」與「填色」

選取所有文字，按下 Ctrl（⌘）+ C 鍵，以及 Ctrl（⌘）+ B 鍵，拷貝＆貼至下層，把下層文字的「**筆畫**」與「**填色**」先設成黑色「**K：100%**」，接著設定「**筆畫寬度：5pt**」 **5** **6**。上層文字的「**填色**」設定成白色，「**筆畫**」設定成**透明** **7**。

179

04 再次拷貝文字，移動位置
並調整筆畫與填色

選取上層的白色文字，執行『**物件→
隱藏→選取範圍**』命令，先隱藏起
來。接著拷貝下層的黑色文字，往
右下方移動，更改成「筆畫」與「填
色」皆為「C：100 M：100 Y：100
K：100」的複色黑。之後將左上方的
文字「筆畫」與「填色」調整成黃色
「M：24 Y：100」**8**。

05 拷貝 LOGO 組合並
套用「漸變」效果

選取所有文字，執行拷貝＆貼上，拷
貝 LOGO 組合。先前隱藏的白色文
字不用拷貝，繼續隱藏即可。接著把
拷貝組合中右下方 LOGO 的「筆畫」
與「填色」皆設為**白色** **9** **10**，執行
『**物件→漸變→漸變選項**』命令，設定
「**間距：指定階數：100**」，按下**確定**鈕
11。接著分別選取 LOGO 組合，執
行『**物件→漸變→製作**』命令 **12** **13**，
位置錯開的 LOGO 組合會以黃色到黑
色、黃色到白色的漸層銜接。

06 啟動 Photoshop
先準備照片

在 Photoshop 建立新文件，置入當作
LOGO 背景的天空影像 **14**。接著拷
貝 Illustrator 左方的黑色 LOGO，貼至
Photoshop 的影像上 **15**。

07 用「濾色」模式合成 LOGO 圖層

將剛才置入的 LOGO 圖層設定成「混合模式：濾色」。黃色部分變成像反射的光線，漸層愈接近黑色變得愈淡，逐漸融入背景中的天空 16。拷貝 LOGO 圖層，稍微加強光線 17 18，接著回到 Illustrator，拷貝＆貼上圖 13 右下方的白色 LOGO，重疊在相同的位置上 19。

08 在最上層重疊原始的 白色 LOGO

把重疊在相同位置、右下方為白色的 LOGO 圖層設定成「混合模式：色彩增值」20 21。與圖 17 只重疊「濾色」模式的圖層狀態相比，光線的黃色部分較濃，增加了漸層部分的透明度。最後拷貝＆貼上之前在 Illustrator 隱藏起來的白色 LOGO（「填色」為白色，「筆畫」為透明的 LOGO），重疊在最上層 22 23。這樣就完成融入背景的 LOGO 了。

09 加上外框並輸入文字 完成設計

建立新圖層，根據 LOGO 的色調，在照片四周加上約 3.2mm 的邊框 24。加上邊框的方法有幾種，但是使用**矩形選取畫面工具**，一邊檢視尺寸，一邊在各邊建立選取範圍，然後填滿選取範圍的方法比較輕鬆 25。最後編排文字，這樣就完成了 26。

1 BASIC

2 TYPOGRAPHY

3 COLOR

4 TITLE & MARK

5 PHOTOGRAPHY

6 DECORATION

056

將照片與文字線條合而為一的設計

在與主題有關的照片中，圍繞用路徑寫成的文字線條，營造出有深度的空氣感。

Ai CC 2021

CREATOR: Satoshi Kondo

特集

寿命にまで影響する「つながりかた」とは？

ゆるくつながる SNS 新時代

SNSの普及によってリアルで会うことも別れることも、昔ほど大げさなことではなくなった近年。
見栄や偽りの発信ではなく、素直に自分が幸せと感じる自然体を公開するものへと変化を遂げつつあります。
心理の変化はなぜ起きたのか？ 医学博士に SNS 時代の新しい「つながり」のカタチを科学してもらう。

Text:Toshio Tashima

♦ 基本規則

組合照片與設計元素

此範例是依照主題的意義來合成照片中的圖案與設計元素。如果能妥善搭配設計的目的，就能給予觀看者更強烈的印象。請試著尋找是否有符合主題的素材或情境。

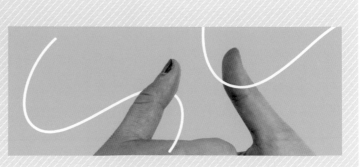

01 此範例要進行雜誌特輯的扉頁設計，開始準備素材

「使用社群媒體與他人保持疏離的連結也會對健康造成影響」這次將以製作流行雜誌的特輯扉頁為例，思考設計。先調整主照片當作事前的準備工作。使用 Photoshop 開啟影像 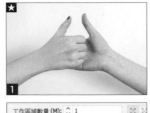，執行『圖層→新增調整圖層→黑白』命令，變成黑白色調再儲存檔案。完成準備工作後，啟動 Illustrator，建立 A4 變形規格「寬度：232mm」、「高度：297mm」的新文件，置入影像 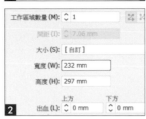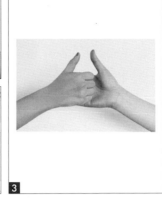。

02 製作剪裁遮色片，先隱藏多餘的部分

去除多餘的背景。使用**鋼筆工具**描繪包圍手部輪廓的路徑並選取手的影像，執行『物件→剪裁遮色片→製作』命令（ Ctrl（⌘） + 7 鍵） 。接著在相同位置建立和工作區域一樣大小（232×297mm）的矩形路徑，同時選取影像，再次製作剪裁遮色片，用完成尺寸建立遮色片 。

03 使用路徑線條繪製要搭配手部影像的文字

在影像上繪製路徑，寫出社群媒體上常出現的「いいね（讚）」。請選擇**鋼筆工具、曲線工具、鉛筆工具**等方便使用的工具來繪製 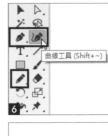。如果想運用手寫筆跡時，選擇**鉛筆工具**比較合適。如圖 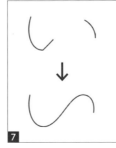 所示，盡量以連字方式書寫文字，藉此表現這篇報導的主題「連結」。用文字圍繞手部時，要思考眼前可見部分與後面隱藏部分的比例，使用**直接選取工具**調整文字的形狀 。

1 BASIC

2 TYPOGRAPHY

3 COLOR

4 TITLE & MARK

5 PHOTOGRAPHY

6 DECORATION

04 用剪裁遮色片隱藏手指部份的線條

用圖 **4** 製作的剪裁遮色片路徑，把被手或手指隱藏的文字部分（圖 **9** 用粉紅色線條顯示的部分）隱藏起來。首先使用**直接選取工具**，從圖 **4** 包圍手部輪廓的路徑中，選取左側拇指附近的錨點 **10**，依序執行『**拷貝、取消選取、貼至上層**』命令（ Ctrl （ ⌘ ）＋ C 、 Shift ＋ Ctrl （ ⌘ ）＋ A 、 Ctrl （⌘）＋ F 鍵）。接著選取下面左右兩側的錨點，按下 Ctrl （⌘）＋ J 鍵，讓貼上的路徑變成封閉路徑 **11**。

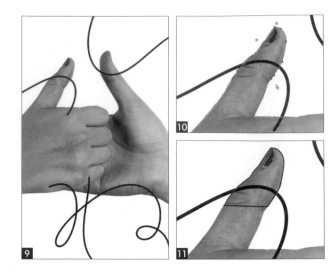

05 用「差集」模式，隱藏重疊在拇指的文字

繪製覆蓋整個文字的路徑 **12**，同時選取圖 **11** 的指尖路徑，按下**路徑管理員**面板的「**差集**」**13** **14**。

目前外觀雖然沒有變化，但是覆蓋整個文字的矩形路徑變成用指尖路徑挖剪後的狀態。為了方便辨識，圖 **14** 先用顏色填滿經過處理的物件。接著，同時選取這個差集物件與重疊的文字路徑，按下 Ctrl （⌘）＋ 7 鍵，製作剪裁遮色片 **15**。就能隱藏重疊在拇指的文字了。

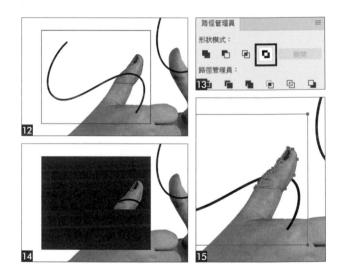

06 處理「ね」字的部份，並調整配色

執行相同步驟，把「ね」字要放到手與手指背後的部分製作成差集物件，再建立剪裁遮色片隱藏起來 **16** **17**。完成之後，加入必要的文字資料，調整配色就完成了 **18**。

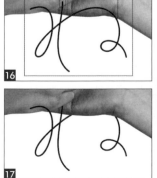

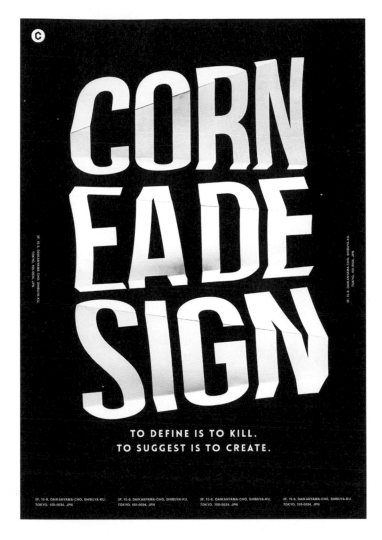

1 BASIC

2 TYPOGRAPHY

3 COLOR

4 TITLE & MARK

5 PHOTOGRAPHY

6 DECORATION

057
列印文字並製作成搖滾標題 LOGO

把用 Illustrator 製作的 LOGO 印在紙張上，再次轉成數位，完成運用真實質感的視覺設計。

Ps CC 2021　Ai CC 2021

CREATOR: Hayato Ozawa (cornea design)

◆ 基本規則

列印 & 拍照的創意

這是把用數位方式製作的整齊設計列印到實體紙張，經過實體化後，再次轉成數位的技巧。實物風格能賦予設計深度，而這個範例呈現了隨興的折線質感。另外，還能用撕破、揉皺再攤開的方式改變結果。這種偶然產生的效果也可以說是實物的有趣之處。

01 使用 Illustrator 製作 LOGO 再列印出來

在 Illustrator 建立新文件，輸入文字 **1**，字體選擇「Bebas Neue Regular」。在 A4 的工作區域中，輸入「**字體大小：277.96pt**」的大型文字。調整比例後，列印在紙張上，用剪刀剪下每一行，變成三張 **2**。

02 在剪下的紙張折出摺痕

將剪下的紙張折出大摺痕 **3** **4** **5**。這裡產生的摺痕或陰影將當作紋理來運用，因此折紙時，要考慮到整體比例。這個範例是沿著文字排列方向，將紙張折成立體的梯形，之後分別用 iPhone 拍照，再匯入電腦裡。

03 使用 Photoshop 去背，留下只有文字的影像

使用 Photoshop 開啟匯入的影像，執行『**影像→模式→灰階**』命令，轉換成黑白影像 **6**。接著要刪除文字以外的部分，對放置紙張的地板建立選取範圍，並用白色填滿 **7**。另外，利用**多邊形套索工具**建立包圍紙張部分的選取範圍，執行『**選取→反轉**』命令（ Shift ＋ Ctrl （ ⌘ ）＋ I 鍵），就能選取起地板。拷貝圖層，設定成「**混合模式：濾色**」，消除文字周圍的紙張顏色 **8** **9**。

04 重疊「濾色」混合模式的圖層，讓紙張顏色變白色

由於仍殘留了些許紙張顏色，所以繼續拷貝、重疊「濾色」混合模式的圖層，直到背景變白為止  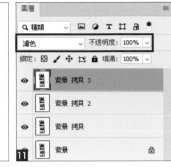。這裡共重疊了三個圖層。

05 合成圖層，調整質感的呈現方式

拷貝所有圖層，把拷貝後的圖層合併起來，設定成「混合模式：覆蓋」。接著把剛才的「濾色」模式圖層隱藏起來，變成只合成原始影像與拷貝、合併後的「覆蓋」模式圖層 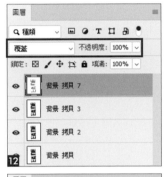。利用這種處理方法，可以維持用「濾色」模式圖層變白的紙張顏色，同時讓過亮的文字變深 。再拷貝、重疊一個「覆蓋」模式圖層，進一步加深文字的顏色。之後，再次拷貝所有顯示中的圖層，合併之後，設定成「混合模式：色彩增值」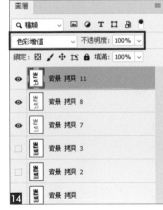 ，完成調整。

06 其他文字也按照相同步驟完成調整

所有文字都使用相同技巧調整。由於紙張顏色及文字深淺會隨著影像而產生差異，請根據實際的狀況，調整圖層的重疊狀態。圖 16 17 18 是這三行文字調整後的狀態。

07 建立新檔案，組合調整後的文字

根據設計尺寸建立新檔案，置入經過調整後的三張文字影像，並使用「混合模式：色彩增值」合成 **19**。檢視整體比例，執行『**編輯→任意變形**』命令，調整形狀及排版。這個範例是個別變形三個圖層，將整體調整成縱長型 **20**。

ONE POINT

這些文字是把每一行儲存成獨立的影像檔案，再分別重疊多個圖層進行調整。因此置入新檔案時，可以合併之後再執行拷貝＆貼上，但是使用按下 `Ctrl`(`⌘`) ＋ `A` 鍵，選取全部的圖層，再按下 `Shift` ＋ `Ctrl`(`⌘`) ＋ `C` 鍵，拷貝合併部分的方法，可以保留圖層，只拷貝＆貼上合併可見圖層的影像。你也可以使用步驟 **05** 執行過的拷貝所有可見圖層再合併的操作方式。

08 反轉色階，變成黑底，用白色突顯文字

在黑色背景中，用白色突顯文字，完成風格酷炫的海報設計。按下**圖層**面板下方的**建立新填色或調整圖層**，建立「**負片效果**」調整圖層，放置在最上層 **21** **22**，接著置入必要的文字，完成設計 **23** **24**。

1 BASIC

2 TYPOGRAPHY

3 COLOR

4 TITLE & MARK

5 PHOTOGRAPHY

6 DECORATION

2018.12
22 SAT – 24 MON
RED NOSE FESTIVAL
10:00-18:00 @ASTLAB. ENTRANCE FREE
CINEMA MARCHE MUSIC

用塊狀排版
讓標題展現整體性

利用不同字級與字體，
製作出填滿文字的「塊狀」標題。

[Ai] CC 2021　CREATOR: Satoshi Kondo

058

💎 基本規則

塊狀排版

塊狀排版是指文字左右對齊，讓文字剛好組合進四方形外框內。這個範例是利用塊狀的特色，把資料濃縮在經過整理的形狀內，並將這種概念運用在標題上。資料整理成四方形，根據資料的優先順序設定文字大小的強弱對比，加上一種顏色與形狀當作重點，讓觀看者留下深刻印象。

01 在左右兩邊繪製參考線，一行一行輸入文字

使用 Illustrator 建立新文件，繪製符合尺寸的參考線，決定左右寬度。接著以左右對齊參考線的方式輸入文字資料 **1**。在這個階段只要先暫時設定字體及字體大小即可。左右對齊的方法包括使用**文字工具**輸入文字，以手動方式調整字距、繪製符合參考線兩端的四角形路徑或水平線路徑，在**段落**面板中，選擇「**強制齊行**」，還有使用**區域文字工具**或**路徑文字工具**輸入等方法 **2 3**。選擇任何一種方法對齊都可以，不過「**強制齊行**」可能會受到字體影響，使字面產生差異 **4**。此範例將使用不同字體，設定成各種大小，因此不論使用哪種方法都需要手動調整。

02 放大字體突顯主標題

根據資料的先後順序，設定文字的強弱效果。在此放大了主標題並且換行變成兩行 **5**。其他文字已經先改變字體大小，加上強弱效果，所以暫時不動。

03 依照資料的性質改變字體

依照資料的性質及各個單字仔細調整字體 **6**。這次希望能營造出高密度的緊湊感，因此選擇偏黑的字體。最後一行「CINEMA, MARCHE, MUSIC」是活動的內容，並以「,」隔開這三種不同訊息，但是這裡將逗點刪除，分別改變成不同字體 **7**。即使沒有用句點、逗點或斜線隔開，利用風格相異的字體也能清楚顯示資料的界線。

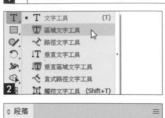

04 放大日期清楚顯示重要資料

進一步加上強弱對比，讓標題變得更吸睛。挑出要強調的日期部分，變成視覺重點。與年月「2018 年 12 月」相比，日期「22～24 日」的優先順序較高，因此把日期放到最大，年月旋轉 90 度，與日期上下對齊。此外，縮小星期等優先順序較低的資料，填補文字的縫隙 8。圖 9 是調整日期前，圖 10 是調整日期後的狀態，呈現出清楚強調重要資料，發揮強弱對比的結果。

05 用符合標題內容的創意加入重點元素

接著要設計外觀重點。把主標題「RED NOSE」中的字母「O」換成能從內容聯想到的紅色圓形 11 12。把標題當作單字，同時搭配符合內容、能吸引目光的圖畫，就能清楚強調重點。

06 檢視整體比例並微調排版方式

最後，確認是否整齊對齊四角形，有沒有維持易讀性，微調字距或行距。刪除左右兩邊的參考線，確認隱藏在參考線背後的細節有無縫隙。

這裡修正了標題右邊「L」往內凹的問題 13。此外，即使字面與垂直線精準對齊，也可能因為文字的形狀而顯得凹凸不平。此時，請以肉眼看到的情況為優先來調整 14。圖 15 是最後完成的結果。

1 BASIC
2 TYPOGRAPHY
3 COLOR
4 TITLE & MARK
5 PHOTOGRAPHY
6 DECORATION

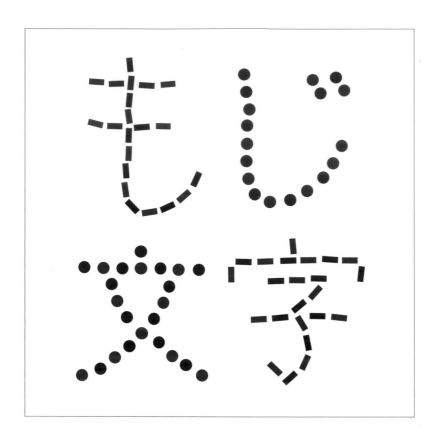

用小圖形排出標題文字

這是用簡單的圖形排成文字，
不著痕跡地製作出別出心裁的標題文字，
是可以運用在各種情境的技巧。

Ai CC 2021 CREATOR: Toru Kase

059

01 使用 Illustrator 準備製作文字的基本圖形

準備製作文字用的圖形。基本上圓形、四角形、三角形都可以 **1** **2**，請視狀況準備需要的圖形。這個範例使用了圖 **1** 的矩形與圓形，製作出「もじ」、「文字」等內容 **3**。圖 **3** 顯示的是尚未編修前的文字範本，這次要從零開始排列圖形、製作文字，所以不需要如圖所示輸入文字。

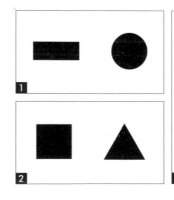

02 將短直線路徑排成文字

此步驟要排列文字、製作文字。請按照文字的「骨架」排列圖形。基本圖形太大可能看起來不像文字，所以在這個階段試著找出適當的尺寸。這裡將長度 1cm 的直線路徑設定成「筆畫寬度：4mm」**4**，以紅黑交錯排列，製作成文字 **5** **6**。隨機傾斜線條，增加成為文字 (圖) 的資料量。

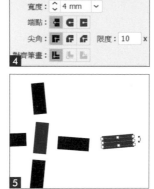
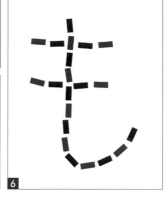

03 一邊拷貝，一邊排列圓形路徑

同樣使用圓形製作文字。選取**橢圓形工具**繪製直徑 8mm 的正圓形 **7**，拷貝之後，穿插排列兩種顏色，製作成文字的形狀 **8** **9**。別讓圖形的間隔完全一致，必須呈現出動態效果。此外，「文」字是左右對稱的字，所以左右兩邊的圓形數量要一樣，顏色也要對稱排列。

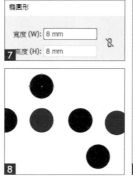
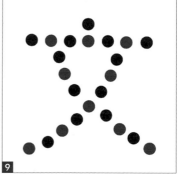

04 編排圖形的形狀、角度、顏色

利用 Illustrator 的功能，傾斜圖形，改變顏色的數量，隨機排列，利用不同技巧製作出各式各樣的變化。你可以根據需要的風格或想營造的氛圍來調整呈現方式。圖 **10** 是使用**錨點工具**把圖 **9** 所有圓形的頂點改成方形，圖 **11** 是針對整個圖形執行『**物件→複合路徑→製作**』命令，變成複合路徑，再用漸層上色的結果。圖 **12** 是執行『**物件→變形→個別變形**』命令，隨機調整大小的例子 **13** **14**，不規則的形狀能產生另外一種效果，但是必須注意避免「過度調整」。

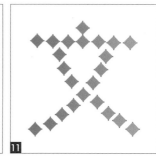

1 BASIC
2 TYPOGRAPHY
3 COLOR
4 TITLE & MARK
5 PHOTOGRAPHY
6 DECORATION

3F, 15-8, DAIKANYAMA-CHO, SHIBUYA-KU, TOKYO, 150-0034, JPN

利用龐克搖滾風格
突顯標題 LOGO

利用不受拘束的版面或編修成網線數較低的印刷品，
製作出沒有秩序的龐克搖滾設計。

060

Ps CC 2021　Ai CC 2021　CREATOR: Hayato Ozawa (cornea design)

◆ 基本規則

龐克搖滾風格的表現手法

想在設計裡加入某種風格時，其中一種方法就
是從該種風格的特色或相關概念中構思靈感。
這裡由「龐克搖滾」的音樂風格及文化特徵
聯想到「DIY 主義、無秩序、自由、挑釁、激
烈、尖銳、1970 年代懷舊」等概念。以統一
整個設計為前提，具體呈現出隨興排版，運用
雙色印刷風格的粗網點效果。

01　用 Illustrator 輸入文字並設定成不同字體

在 Illustrator 建立新文件並輸入文字 **1**。接著逐一選取文字，設定成不同字體 **2**。

02　調整文字的角度及大小，營造生動感

調整整體比例，傾斜各個文字，變形成細長或扁平狀，改變字體大小，營造動態效果。因為是搖滾風格，所以文字的安排要隨興一點，這是非常重要的關鍵 **3**。此外，調整文字時，可以在決定字體之後，執行『**文字→建立外框**』命令，將文字外框化，或者使用**觸控文字工具**直接變形。

ONE POINT

使用**觸控文字工具**時，文字不用建立外框，可以單獨處理各個物件。編輯中的文字會顯示類似邊框的框線，可以隨意縮放、變形、旋轉、拖曳移動等。完成編輯之後，能當作一般的文字物件調整字體或設定字距。

03　加上適當的黑色形狀當背景，反轉部分文字色彩

使用**鋼筆工具**建立適當的圖形，「**填色**」設成**黑色** **4**，放在部分文字的下方，將上層文字的「**填色**」改成**白色** **5**。

04 重疊「濾色」混合模式圖層，讓紙張顏色變白色

啟動 Photoshop，建立「色彩模式：灰階」的新檔案。接著在新圖層置入剛才在 Illustrator 製作的 LOGO ，另外準備用顏料上色的紋理影像，之後會與這些文字合成 。

05 在文字的下層放置紋理並用曲線調整

把顏料紋理圖層放在文字下層 。由於操作中的檔案色彩模式為灰階，所以置入影像時，會變成黑白色調。由於紋理稍微變暗，所以執行『影像→調整→曲線』命令，把曲線的中央往上提高，調整成弧形 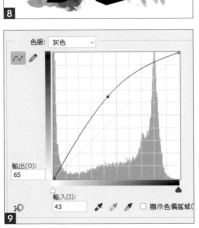 。

06 沿著文字形狀加上遮色片，裁剪紋理

按住 Ctrl（⌘）鍵不放，並按一下 LOGO 的圖層縮圖，載入選取範圍。直接選取紋理圖層，按下圖層面板下方的增加圖層遮色片鈕 ，用文字形狀在紋理圖層製作遮色片 。這個階段不需要原始的 LOGO 圖層，請先隱藏起來。

07 使用「彩色網屏」濾鏡把文字變成網點狀

按一下一般的圖層縮圖，從選取紋理圖層遮色片縮圖的狀態，切換成選取一般圖層的縮圖 **13**，接著執行『**濾鏡→像素→彩色網屏**』命令，設定「**最大強度：8 像素**」**14**，這樣就能將覆蓋紋理的文字變成網線數低，網點明顯的粗糙印刷品風格 **15** **16**。

08 準備人物影像，放在 LOGO 的背景中

準備人物的照片素材 **17**，放在 LOGO 的下層。執行『**編輯→任意變形**』命令，旋轉照片，變成上下顛倒的狀態 **18**。隨意調整角度，使影像的邊角超出範圍，這種刻意不對齊的效果，反而更能營造出龐克搖滾的氛圍，所以不用在意。

09 用調整圖層大幅調亮影像

選取人物圖層，在**圖層**面板中，按下**建立新填色或調整圖層**鈕，執行『**亮度 / 對比**』命令，在**內容**面板中，大幅往右移動「亮度」滑桿，讓影像變得極端明亮，同時也一併提高「對比」**19** **20**。

1 BASIC
2 TYPOGRAPHY
3 COLOR
4 TITLE & MARK
5 PHOTOGRAPHY
6 DECORATION

10 在人物影像上套用濾鏡，編修成網線數低的網點狀

人物影像也執行『濾鏡→像素→彩色網屏』命令，變成網點狀 21 22。希望人物照片表現出比文字更細膩的色階，因此略微降低設定，變成「最大強度：6 像素」。

11 轉換成 RGB 模式並加上色調即完成

執行『影像→模式→ RGB 色彩』命令，轉換成 RGB 模式。此時，不要合併影像，先保留圖層。接著在人物影像上層建立新圖層，用粉紅色填滿 23，設定「混合模式：濾色」24。在照片重疊上粉紅色色調，變成雙色印刷的印刷品。在上面再建立一個新圖層，用黃色填滿 25，設定「混合模式：色彩增值」26，呈現出文字與照片顏色融合，印刷在黃色紙張上的效果 27。照片的粉紅色與黃色混色變成了橘色。之後輸入必要的文字，完成設計 28。

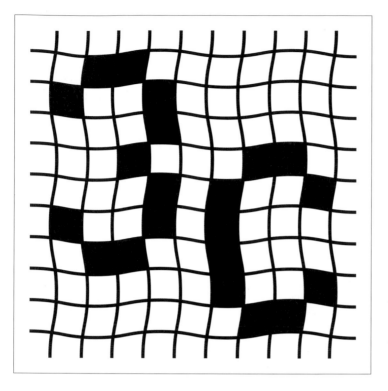

在波浪狀的格子圖案中
組合標題文字

建立相連的空格並填滿部分區域製作成文字。
利用截然不同的文字效果引導視線。

Ai CC 2021　　CREATOR: Toru kase

1 BASIC

2 TYPOGRAPHY

3 COLOR

4 TITLE & MARK

5 PHOTOGRAPHY

6 DECORATION

061

01　使用 Illustrator 製作
　　格紋圖案當作文字的基礎

製作嵌入文字用的連結區塊。這次要
製作波浪狀的格子圖案，然後嵌入文
字「3」與「C」。在 Illustrator 建立
新文件，使用**線段區段工具**繪製垂直
線路徑 **1 2**。接著在**工具列**的**選取
工具**上雙按滑鼠左鍵，開啟**移動**對話
視窗，設定「**水平：20mm**」並按下
「**拷貝**」鈕 **3 4**。

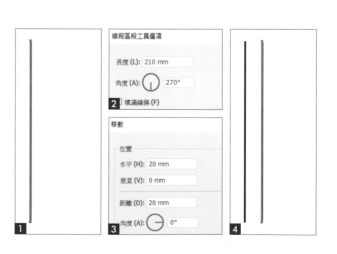

線段區段工具選項

長度 (L): 210 mm

角度 (A): 270°

2 填滿線條 (F)

移動

位置

水平 (H): 20 mm

垂直 (V): 0 mm

距離 (D): 20 mm

角度 (A): 0°

1　　**3**　　**4**

02 線條旋轉 90 度並拷貝，製作出簡單的格狀圖案

拷貝垂直線，按下 Ctrl (⌘) + D 鍵（或執行『**物件→變形→再次變形**』命令），以 20mm 的間隔拷貝出十條垂直線 **5**。之後選取全部的線條，使用**旋轉工具**，設定「**角度：90°**」，並按下「**拷貝**」鈕 **6**。

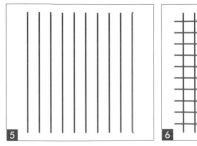
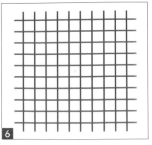

03 將線條變形成波浪狀

使用筆直的格子圖案也可以組合文字，但是這次要讓線條產生起伏，製作出有動態效果的文字。執行『**效果→扭曲與變形→鋸齒化**』命令，設定「**點：平滑**」 **7** **8**，這樣就能變成波浪格子圖案。接著依序執行『**物件→擴充外觀**』命令 **9**，及『**物件→路徑→外框筆畫**』命令 **10**，這樣比較方便組合文字。

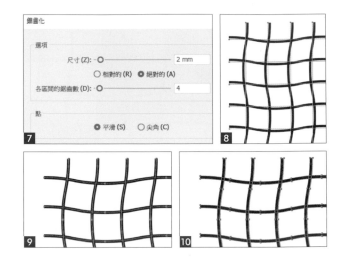

04 把部分網格變成黑色，製作成文字形狀即完成

在圖 **10** 的狀態，按下**路徑管理員**面板的「**形狀模式：聯集**」 **11** **12**，就能一格一格選取格狀網格。使用**群組選取工具**選取一個網格 **13**，按下 Delete 鍵刪除 **14**。刪除之後，就會出現黑色的背景色，只要按照想製作的文字形狀，一格一個刪除即可 **15**。根據想呈現的概念設定顏色與形狀，就能用來製作主題或標題。

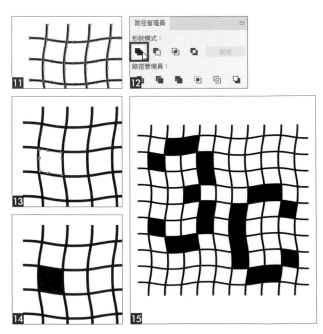

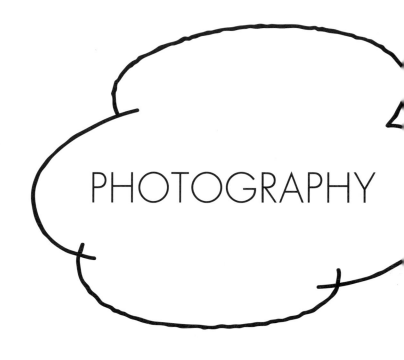

PHOTOGRAPHY

這一章要介紹各種使用了照片的設計技巧，
包括用裁剪方式提高照片的印象，或在照片
疊加色彩等。

5

秋刀魚ご飯

秋の味覚の代表

サンマは古くは「サイラ（佐伊羅魚）」「サマナ（狭真魚）」「青串魚」などと読み書きされており、また、明治の文豪・夏目漱石は、1906年（明治39年）発表の『吾輩は猫である』の中でサンマを「三馬（サンマ）」と記している。これらに対して「秋刀魚」という漢字表記の登場は遅く、大正時代まで待たねばならない。現代では使用されるほとんど唯一の漢字表記となっている「秋刀魚」の由来は、秋に旬を迎えよく獲れることと、細い柳葉形で銀色に輝くその魚体が刀を連想させることにあり、「秋に獲れる刀のような形をしたアタリテキストです。

和名「サンマ」の由来については、2つの有力な説がある。「サ（狭、意：狭い、細い）」に起源があるとして「細長い魚」を意味する古称「サマナ（狭真魚）」が変化したとする説が一つ、大群をなして泳ぐ習性を持つことから「大きな群れ」を意する「サワ（沢）」と「魚」を意する「マ」からなる「サワンマ」が語源となったという説が一つである。

依照版面留白
同步修剪照片

修剪照片，製造「空間」，搭配頁面上的留白，
能完成令人印象深刻的版面。

Ps CC 2021　**Ai** CC 2021　CREATOR: Wataru Sano

062

💎 基本規則

用減法思考照片構圖

照片中拍攝到的元素太多，可能讓人無法理解「拍攝這張照片的用意為何？」此時，大膽排除主體以外的元素，整理畫面，比較能呈現照片想傳遞的訊息。右邊照片的左上與左下都拍攝到主體以外的元素，經過裁切之後，就可以去除這些元素（或部分元素），進一步突顯主體。思考照片構圖時，有時利用這種「減法」概念能拍出優秀的作品。

01 決定頁面大小，建立參考線並置入主照片

此範例要設計以料理為主題的 A3 對折手冊。手冊中要置入的元素包括主影像 **1**、標題、副標題、本文，但是我想以照片為主，呈現出令人印象深刻的版面。此時，頭一個想到的方法，就是盡量放大照片。雖然這種手法的確有用，不過這次希望呈現的是有效運用留白的排版。因此先使用 Illustrator 的**矩形工具**，繪製和完成尺寸一樣的 A3（420×297）橫長矩形，接著使用**線段區段工具**在中心畫出垂直線，執行『**檢視→參考線→製作參考線**』命令，把直線轉換成參考線。然後執行『**檔案→置入**』命令，載入照片，再使用**選取工具**拖曳，決定大概的位置，按照完成的設計調整照片的大小 **2**。

02 整理畫面元素並決定照片的構圖

檢視置入的照片，可以發現在主體秋刀魚飯的左上方與左下方拍到了別的元素。這次希望在主體周圍盡量留白，所以裁剪掉左下方的容器。但是左上方的料理呈現出恰到好處的模糊效果，為了營造出餐桌的氛圍，先保留下來 **3**。

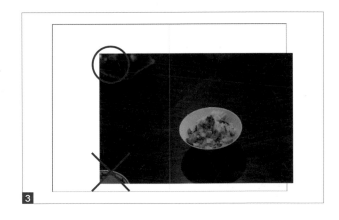

ONE POINT

照片呈現出來的印象會隨著裁剪方法而有很大的差異。如果要突顯主體，有時保留其他元素可能比裁剪掉所有元素更能營造出適當的氛圍，衍生出故事性。請根據想完成的作品來評估作法。

1 BASIC

2 TYPOGRAPHY

3 COLOR

4 TITLE & MARK

5 PHOTOGRAPHY

6 DECORATION

03 按照構圖裁剪照片

確定照片的構圖後，著手裁剪照片。
雖然使用 Illustrator 的剪裁遮色片
也可以裁剪照片，但是這次將改用
Photoshop，將照片裁剪得更正確、
美觀。首先開啟照片，使用**矩形選取
畫面工具**建立到左下容器上方的選取
範圍 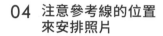，接著執行『**影像→裁切**』命
令，然後儲存檔案。

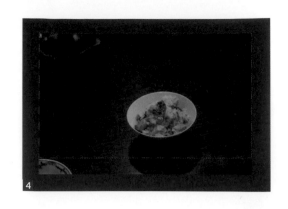

04 注意參考線的位置
來安排照片

將裁剪後的照片重新放在 Illustrator 的
文件中。首先執行『**檔案→置入**』命
令，載入裁切後的照片，接著使用**選
取工具**拖曳照片，注意不要讓主體重
疊在中央的參考線位置 **5**。斟酌照片
的留白與頁面留白的比例，調整位置
與大小。這次為了有效運用影像左下
方留白，而將影像放在能讓頁面左側
與下方產生大片留白的位置上。使用
矩形工具在最上層繪製和頁面一樣尺
寸的矩形，同時選取矩形與影像，執
行『**物件→剪裁遮色片→製作**』命令
6，這樣就能隱藏超出頁面的部分。

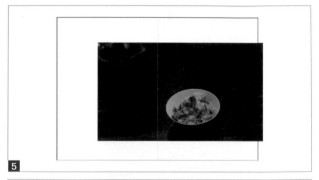

05 置入文字元素完成排版

最後要放置文字元素，完成排版 **7**。
連結照片留白與頁面留白，呈現出寬
敞的空間感。裁剪照片時，最重要的
是一邊想像完成結果，一邊盡量刪減
多餘的元素。

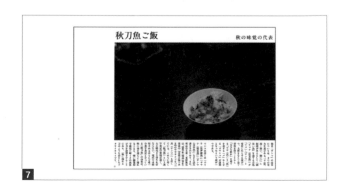

RAMEN

赤ラーメン 山賊

000-0000-0000

利用大膽裁切與色調調整
加強照片印象的排版方式

保留彩色照片的部分顏色,其餘轉成黑白,再裁剪照片,
可以強調照片中的特定元素,讓觀看者留下深刻印象。

Ps CC 2021 Ai CC 2021 CREATOR: Wataru Sano

063

1 BASIC

2 TYPOGRAPHY

3 COLOR

4 TITLE & MARK

5 PHOTOGRAPHY

6 DECORATION

♦ 基本規則

利用單一色彩突顯照片

強調照片中某一部分的色彩,可以賦予該部分特殊意
義。尤其把照片轉換成黑白,只保留其中一種顏色的
手法,簡單又能產生強大的吸睛效果。但是保留部分
顏色及裁切方法會左右照片呈現出來的印象,因此要
仔細評估究竟要強調照片中的哪個部分。右邊是這次
範例使用的照片,只保留綠色部分,其餘轉換成黑
白。你應該能從中瞭解顏色對照片的影響有多大。

01 準備主照片並決定頁面的尺寸

此範例要替拉麵店設計名片，元素包括主影像 **1**、店名、電話等三項。在此準備了用辣椒點綴的招牌拉麵照片。名片的尺寸是容易放入錢包或名片盒內的一般名片大小。先在 Illustrator 使用**矩形工具**建立和完成尺寸 91×55mm 一樣大的矩形 **2** **3**。

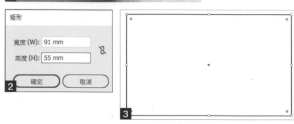

02 思考要強調的重點與構圖並決定要保留的顏色

先在腦中構思名片的完成圖，決定要強調哪個重點，評估該如何裁切。這次決定保留拉麵照片最大的特色且外觀也很醒目的辣椒，還有與辣椒顏色很相稱的炸薯條 **4**。以這些部分為主，大膽裁切，就能突顯點綴在拉麵上的部分。這次希望讓名片變得更搶眼，所以只保留辣椒與炸薯條的顏色，刻意將其他元素轉換成黑白 **5**，讓觀看者自行想像拉麵的顏色與味道。

ONE POINT

要保留哪個部分會隨著照片的內容及客戶的想法而改變。決定了想強調的部分後，基本上會以聚焦在該部分的方式進行裁剪（如右圖）。不過有時刻意錯開對焦的部分，可能會讓人留下深刻印象。

03 建立特定顏色的選取範圍

確定照片構圖及想強調的顏色之後，先進行調整顏色前的準備工作。首先，使用 Photoshop 開啟照片，執行『**選取→顏色範圍**』命令，設定「**選取：紅色**」，勾選「**負片效果**」**6**，按下**確定**鈕，建立照片內紅色系的選取範圍 **7**。

04 將重點以外的部分轉換成黑白

執行『**圖層→新增調整圖層→黑白**』命令，設定「**模式：色相**」，這樣就能把紅色系以外的顏色轉成黑白 **8**。不過這樣會缺乏強弱對比，因此進行微幅調整。先按一下**圖層**面板中的調整圖層縮圖，在**內容**面板，提高「**紅色**」與「**黃色**」的數值，降低其他顏色的數值 (紅色：71、黃色：97、綠色：-23、青色：-44、藍色：-57、洋紅：-80) **9**。此外，按住 Alt + 按一下**圖層**面板中的調整圖層遮色片縮圖，切換顯示圖層遮色片，使用**筆刷工具**把變成黑白卻想保留色調的部分 (叉燒邊緣) 塗成白色，進行修正 **10**。

05 置入照片與文字元素完成排版

根據完成尺寸，大膽裁切照片，以突顯辣椒與炸薯條的部分。在上面疊放文字元素，完成排版 **11**。此外，裁切時，以適當的比例把麵條與湯頭加入構圖中，如右圖所示，就能立刻瞭解這是拉麵照片。

依照複雜的文字形狀裁剪影像

利用文字或幾何圖形挖剪影像，
當作標題 LOGO 或裝飾物件，
就能呈現華麗感。

064

`Ps` CC 2021　`Ai` CC 2021　CREATOR: Malko Ueda

01　想像完成狀態，
　　　準備適合的影像

此範例要製作以「古董」為主題，搭
配華麗圖案的標題 LOGO。首先準備
基本的圖樣 **1**。這個範例準備了合乎
主題，充滿異國風情的地毯影像。

💎 基本規則

斟酌文字粗細與大小來挑選影像

把影像裁切成文字形狀的手法是製作 LOGO 的經典
手法。只要善加運用，就能為設計增添豐富性。但是
使用的影像會對結果帶來很大的影響，因此最重要的
是，要先確定「希望呈現何種印象」再挑選影像。我
們可以先對影像進行調整，如調整成適合的色調或縮
放調整圖案大小。有時旋轉、傾斜影像後，能讓圖案
順利與文字重疊。請根據影像及文字形狀多多嘗試。

02 輸入標題文字，設計基本 LOGO

首先，要製作標題 LOGO 的基本雛型。思考「Antique」與「Market」這兩個單字要使用何種字體，該如何安排。此範例把「Market」設成具有動態感的襯線體「Lust Script」**2**，而「Antique」使用復古風格的筆記體「Emily Austin」**3**。把「Antique」放在「Market」的左上方，但是預設的「M」字顯得有點雜亂，因此從顯示的異體字中，選擇了比較簡潔的字型 **4**。接著把這些文字設計成是一個 LOGO。這裡略微旋轉「Antique」，強調動態感，部分重疊在「Market」的「M」字左上方 **5**。

ONE POINT

部分字體和「Lust Script」一樣，會準備多個異體字。Illustrator CC 之後的版本只要在文件上選取一個字，就會顯示異體字的轉換選項，請視狀況選擇適合的字型（Illustrator CS6 之前的版本可以利用**字元**面板調整）。

03 裁剪照片前的準備工作

接著要進行把照片裁剪成文字形狀的準備工作。首先執行『**檔案→置入**』命令，載入地毯影像。為了方便在後續的操作步驟中，能容易確認裁切的位置，先選取影像，在**透明度**面板中，設定「**不透明度：50%**」**6**。

1 BASIC

2 TYPOGRAPHY

3 COLOR

4 TITLE & MARK

5 PHOTOGRAPHY

6 DECORATION

04 在影像上重疊文字並決定裁剪位置

接著要決定裁剪位置。將 LOGO 放在影像的上層，選取「Market」，執行『文字→建立外框』命令，在**顏色**面板中，設定「**填色：無**」，把「**筆畫**」設定成「**K：100**」。一邊確認下層影像，一邊移動「Market」物件，決定要在哪個位置進行裁剪。

05 先建立物件的複合路徑

裁剪之前，務必先把「Market」物件轉換成複合路徑。複合路徑是指把多個路徑當成一個路徑處理的功能。

請注意！建立外框後的文字物件若沒有先轉換成複合路徑，將無法順利裁剪影像。因此先選取「Market」物件，執行『**物件→複合路徑→製作**』命令 。接著，選取下層影像，在**透明度**面板中，設定「**不透明度：100%**」。

06 裁剪影像完成 LOGO 製作

最後，同時選取「Market」物件與下層影像，執行『**物件→剪裁遮色片→製作**』命令，再選取「Antique」文字，執行『**物件→排列順序→移至最前**』命令。就能完成把影像裁剪成文字形狀的 LOGO。LOGO 呈現的印象會隨著影像而改變，請根據想呈現的風格來試著搭配不同影像。

1 BASIC

2 TYPOGRAPHY

3 COLOR

4 TITLE & MARK

5 PHOTOGRAPHY

6 DECORATION

065

製作主角被文字圍繞的視覺設計

利用照片與文字，製作出令人印象深刻的穿搭型錄。讓文字包圍照片中的主角，並展現律動感，設計出具有玩心的視覺作品是主要的關鍵。

Ps CC 2021　**Ai** CC 2021

CREATOR: Malko Ueda
PHOTO: Takanori Fujishiro

◆ 基本規則

為照片加入額外的元素增添趣味

在照片中加入額外的元素，可以轉變成具有原創風格的視覺。如範例所示，用文字包圍主體就是其中之一。比起簡單配置文字的傳統排版，使用這種方法完成了有動態感及玩心的視覺設計。想傳達的內容、照片的氛圍、客戶的想法都會對設計產生影響，若想呈現吸睛外觀或趣味性，可以評估是否使用這項技巧。

01 準備主照片並逐一輸入每個字母

此範例要製作時尚品牌 S/S（春夏）季穿搭型錄的視覺影像。首先，在 Photoshop 開啟主影像 **1**，使用**水平文字工具**輸入一個字母。接著在畫面的其他位置按一下，建立游標之後，輸入另外一個字母。按照相同步驟，將字母各自獨立成不同的圖層，完成「SPRING SUMMER」。輸入字母時，要讓字母圍繞在衣服或身體周圍，把字母的其中一部重疊在腹部側邊的衣服陰影或手臂下方，隨機擺放所有字母 **2**。

02 設定圖層樣式調整成空心字

接著，要把剛才輸入的字母變成空心字。請在**圖層**面板中，選取任何一個字母的圖層，設定「**填滿：0%**」**3**，然後執行『**圖層→圖層樣式→筆畫**』命令，設定「**尺寸：14 像素**」、「**位置：居中**」、「**混合模式：正常**」、「**不透明：100%**」、「**填色類型：顏色**」、「**顏色：白色**」**4**，按下**確定**鈕，套用設定內容，這樣就能變成邊緣為白色的空心字 **5**。其他字母也同樣改成空心字 **6**。

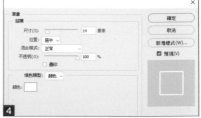

ONE POINT

想在其他圖層套用一樣的圖層樣式時，使用快速鍵就很方便。在設定了圖層樣式的圖層上按下右鍵（或 Ctrl ＋按一下），執行『**拷貝圖層樣式**』命令，在其他圖層執行『**貼上圖層樣式**』命令，就能輕鬆套用相同的圖層樣式了。

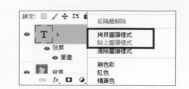

03 將文字圖層置入群組內並增加圖層遮色片

在**圖層**面板中，選取全部的文字圖層，按下 `Ctrl` + `G` 鍵（Mac 是 `⌘` + `G` 鍵），整合成圖層群組後，按一下**圖層**面板下方的**增加圖層遮色片鈕** **7**，資料夾圖示的右側就會顯示白色矩形圖示（圖層遮色片縮圖）**8**。

04 編輯圖層遮色片，消除字母的其中一部分

確認工具列的「**前景色**」為**黑色**，「**背景色**」為**白色**（若設定成其他顏色，請按一下「**預設的前景和背景色**」）**9**，使用**筆刷工具**描繪字母，把要隱藏起來的部分塗掉 **10**。字母進入陰影的部分要利用**選項**面板顯示「**筆刷預設揀選器**」，選擇「**柔邊圓形**」等柔軟的筆刷，降低「**不透明度**」的數值 **11**，稍微描繪，呈現出自然的立體感 **12**。

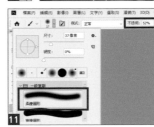

05 置入外框及其他文字元素完成排版

在 Illustrator 建立新文件，使用**矩形工具**建立和工作區域一樣大小的矩形。接著執行『**物件→路徑→位移複製**』命令，設定「**位移：-10mm**」，建立稍微小一點的矩形 **13**。執行『**檔案→置入**』命令，置入主要影像，接著執行『**物件→排列順序→置後**』命令，然後選取影像及較小的矩形，執行『**物件→剪裁遮色片→製作**』命令，最後將最下層的矩形「**填色**」設定為「**M：10 Y：70**」，這樣就完成了 **14**。

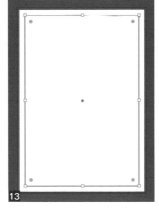

1 BASIC

2 TYPOGRAPHY

3 COLOR

4 TITLE & MARK

5 PHOTOGRAPHY

6 DECORATION

前後疊放照片
製造立體感

利用疊放照片，完成具有立體感的版面設計。
背景照片選擇有純淨感的影像會顯得比較清爽。

066

Ai CC 2021　CREATOR: Malko Ueda

♦ 基本規則

重疊元素的手法

疊放照片的排版方式可以產生立體感，是適合用來表現
律動感，製造變化的手法。右圖是沒有疊放照片的範
例，與上面的範例相比，顯得略微靜態、扁平。在照片
疊加其他照片時，最好選擇有純淨感的照片，避免版
面顯得雜亂。此外，攝影界稱清爽的照片為「有空氣
感」，所以這個名詞也會用來表示空間的「留白」。這次
指的是後者，不過詮釋空間時，兩者都可以使用。

01 決定版型，建立參考線並編排照片

此範例的尺寸為 297×210mm(A4)，並以跨頁方式製作。在 Illustrator 建立 A4 直式的新檔案。在距離工作區域四邊 20mm 的內側建立顯示版面的參考線，接著在跨頁的中央建立分割頁面的參考線。按下 Ctrl（⌘）+ R 鍵，顯示尺標，再從尺標拖曳出參考線。之後根據照片張數與優先順序增加參考線，並置入灰色色塊，調整配置 **1**，照片之間的間距約 5mm。完成準備工作後，置入照片 **2**。將影像置於灰色色塊，同時選取兩者，按下 Ctrl（⌘）+ 7 鍵，建立剪裁遮色片。重疊含有較多元素的影像，容易給人雜亂的印象，因此下層照片選擇具有遠近感、留白較多的影像。有時置入沒有圖案的照片，例如只有光線的影像，可能會產生意想不到的有趣效果。

02 安排文字與 LOGO

在右下方置入文字元素。在左邊距離照片邊緣 20mm，上面距離照片邊緣 10mm 的位置建立參考線，由上往下依序輸入標題、本文、商品介紹 **3**。標題選擇「Gotham」字體，只有開頭使用手寫體「Emily Austin」**4**。本文是英日文字體（小塚ゴシック），使用**文字工具**拖曳，建立文字區塊，設定「以末行齊左的方式對齊」**5** **6**。有時可能會因為文字的大小或間隔，使字距產生差異，必須適時修正。英文說明的部分：項目名稱為襯線體「Times New Roman」的斜體，品牌名稱與金額為黑體「Gotham」，藉此製造強弱對比 **7**。調整文字區塊的間隔，讓整體呈現適當的比例就完成了。

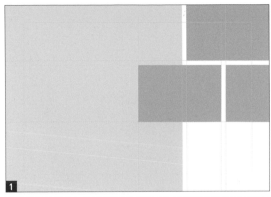

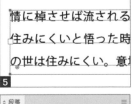

067

在主體與背景重疊其他顏色呈現生動感

在照片中的人物與背景疊上和原始照片截然不同的顏色，製作出新的視覺影像。

`Ps` CC 2021　`Ai` CC 2021

CREATOR: Hayato Ozawa (cornea design)

使用素材: iStock

💎 **基本規則**

利用照片＋顏色來突顯設計

這是疊上與原始照片完全不同顏色的技巧。這個範例先將人物照片變成黑白色調，再重新疊上與人物截然不同的鮮豔色彩，顛覆了原本的印象。由於要強烈加入色彩印象，請仔細斟酌想呈現的效果再挑選適合的顏色。

01 用 Photoshop 開啟原始影像並調整成黑白色調

在 Photoshop 開啟原始照片。這次要當作設計的主視覺是合成編修後的人物照片及斜線圖案的影像 **1**。開啟影像後，執行『影像→調整→**色相／飽和度**』命令，降低飽和度，調整成黑白色調 **2** **3**。接著拷貝影像圖層，設定成「**混合模式：濾色**」，讓整體的顏色變明亮。檢視結果，再拷貝重疊一個設為「濾色」模式的圖層，把這兩個圖層疊放在原始影像的上層，大幅調高影像的亮度 **4** **5**。雖然調整了整體亮度，但是人物的顏色卻過曝了，所以之後要建立遮色片來調整。按下 [Ctrl]（[⌘]）+ [A] 鍵，選取全部，再按下 [Shift] + [Ctrl]（[⌘]）+ [C] 鍵，進行拷貝合併，然後按下 [Ctrl]（[⌘]）+ [V] 鍵，貼至新圖層。之後先把貼上後的影像放置在最上層。

02 建立只調整人物用的遮色片

選取**筆型工具** **6**，沿著人物的輪廓建立封閉路徑 **7** **8**。這裡共建立包圍整個人物的路徑及手臂與身體縫隙的路徑。包圍整個人物的路徑為「路徑1」，縫隙間的路徑為「路徑2」，分別用**路徑**面板的「**儲存路徑**」（在**路徑**面板選單中）儲存起來。在**路徑**面板選取「路徑1」，按下「**載入路徑作為選取範圍**」鈕 **9**，也可以在畫面上按右鍵（MAC 為：[Ctrl] 鍵 + 按一下滑鼠左鍵），顯示右鍵選單，執行『**製作選取範圍**』命令 **10**，在開啟的對話視窗，選取「**新增選取範圍**」，套用設定 **11**。

03 從選取範圍內刪除不要的部分，調整細節邊緣

接著要調整選取範圍。首先把手臂與身體之間的縫隙排除在人物的選取範圍 **12** 之外。選取「路徑 2」，按住 `Alt`（`Option`）鍵不放並按下路徑面板的**載入路徑作為選取範圍**鈕，或利用右鍵選單執行『**製作選取範圍**』命令，選取「**由選取範圍減去**」 **13** **14**。然後要調整頭髮的邊緣，選取適合的選取工具，在**控制**面板按下**選取並遮住**鈕，切換工作區域 **15**。使用**調整邊緣筆刷工具**拖曳頭髮的邊緣，進行調整 **16** **17**，確定之後，回到正常畫面。

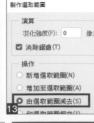

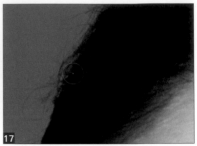

04 利用調整後的選取範圍建立圖層遮色片

在維持調整完畢的選取範圍狀態，選取前面合併拷貝＆貼上影像的最上層圖層，按下**圖層**面板下方的**增加圖層遮色片**鈕，裁切人物部分。將這個圖層設定為「**混合模式：色彩增值**」，與下層影像融合，原本過曝的人物部分就會產生深淺。圖 **18** 是目前的狀態，圖 **19** 是圖層面板的狀態。檢視整體比例，降底「**不透明度**」。圖 **20** 是圖層遮色片中的頭髮部分。

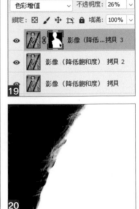

05 利用圖層遮色片為人物上色

在最上層建立新圖層，使用偏紅色的深粉紅色填滿 **21**，顏色的數值為「R：255 G：0 B：89」。在選取這個圖層的狀態，按住 `Ctrl`（`⌘`）＋按一下剛才的圖層遮色片縮圖，載入選取範圍，接著按下**增加圖層遮色片**鈕，按照人物形狀裁剪色塊 **21** **22**。之後將色塊圖層設定為「**混合模式：色彩增值**」，與下層影像融合 **23**。

06 背景也同樣合成純色色塊

在最上面建立新圖層，並使用亮綠色「R：0 G：255 B：166」填滿圖層 **24**。和前面的人物一樣，利用圖層遮色片載入選取範圍，然後按下 Shift + Ctrl（⌘）+ I 鍵，反轉選取範圍，再按下**增加圖層遮色片**鈕。和前面一樣，將圖層設定為「**混合模式：色彩增值**」**25 26**。

07 調整人物的色調及對比，完成影像

在最前面建立另一個新圖層，使用藍綠色（teal）「R：0 G：255 B：207」填滿，裁剪成人物形狀 **27**，步驟和前面一樣。接著將圖層設定為「**混合模式：覆蓋**」，與下層圖層融合 **28 29**。色調變成偏紫色，而且明暗強烈，讓人印象更深刻。此外，圖 **28** 是執行『**套用圖層遮色片**』命令，圖層遮色片消失後的狀態，不過也可以保留圖層遮色片。

08 調整整體亮度並輸入文字完成設計

最後調整整體的亮度，完成視覺影像。在**圖層**面板中，按下**建立新填色或調整圖層**鈕，執行『**亮度 / 對比**』命令，提高對比 **30 31 32**，最後置入文字就完成了 **33**。由於這個設計置入了用補色發揮強弱對比的視覺影像，所以文字設為白色，比較容易閱讀、乾淨。

1 BASIC

2 TYPOGRAPHY

3 COLOR

4 TITLE & MARK

5 PHOTOGRAPHY

6 DECORATION

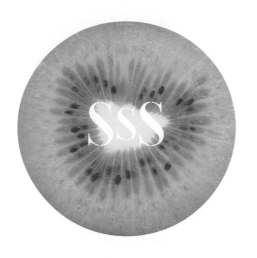

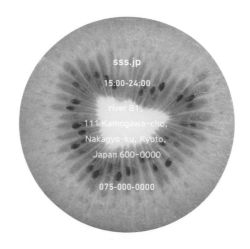

呈現接近觀看者
印象中的色調

把色澤逼真的水果照片編修成比實際更鮮豔的色
調，觀看者會覺得更自然。

Ps CC 2021　Ai CC 2021　CREATOR: Wataru Sano

068

接近觀看者印象中的顏色

照片是呈現接近人類肉眼所見的影像，
可是每個人對色彩的印象與實際顏色有
微妙差異。例如，我們認為「蘋果是紅
色」，可是實際上蘋果卻不是正紅色。
這個範例調整了照片的色調，變成更接
近我們印象中的顏色，製作出徹底發揮
色彩印象的設計。

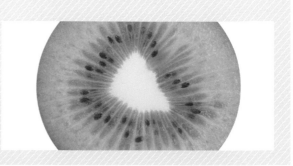

1 BASIC

2 TYPOGRAPHY

3 COLOR

4 TITLE & MARK

5 PHOTOGRAPHY

6 DECORATION

01 製作大小可以放入名片盒內的名片

決定頁面尺寸，建立版面。這次要製作使用水果形狀的圓形名片。大小設定為 55×55mm，以放在市售的名片盒內。圖案選擇了接近名片大小的奇異果，裁剪剖面照片，進行設計。在 Illustrator 建立新文件，使用**橢圓形工具**繪製直徑 55mm 的正圓 **1** **2**。

02 用掃描器掃描奇異果的剖面，置入 Photoshop

準備影像。你也可以使用靜物攝影，不過這裡要利用掃描器將奇異果（實物）的剖面數位化。由於使用尺寸接近實際大小，所以用高解析度 600dpi 掃描，儲存成 TIFF 格式 **3**。之後會用 Photoshop 編修影像，所以刻意不採取任何設定，直接掃描。載入影像後，使用 Photoshop 裁剪成圓形 **4** **5**，先完成基本的影像調整，如去除雜訊，調整明暗等。

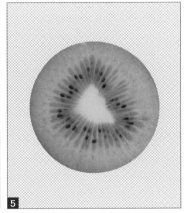

03 用 Photoshop 調整成趨近「印象中的顏色」

編修影像，趨近於「看起來像奇異果色」的印象。建立新圖層，用黃綠色填滿整個圖層，將圖層設定為「**混合模式：柔光**」，與下層影像融合。檢視顏色狀態，「**不透明度**」降低為 **10%**，加上淺淺的黃綠色，避免顯得不自然 **6** **7**。

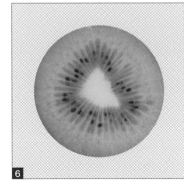

ONE POINT

這次的重點是調整成接近觀看者印象中的顏色。以奇異果為例，一般印象中的顏色為「黃綠色」，但是實物影像略微偏青色，因此加上一點點黃綠色。

04 讓中央偏白的部分看起來更白

希望在正中央的偏白部分（胎座）加上白色，因此進行調整。使用**筆型工具**建立包圍胎座部分的路徑，在**路徑**面板中，按下**從選取範圍建立工作路徑**鈕 **8**，建立新圖層用白色填滿 **9**，將這個圖層設定為「**混合模式：柔光**」，與奇異果影像合成後，檢視狀態，調整「**不透明度：77%**」，加上適當的白色效果 **10** **11**。

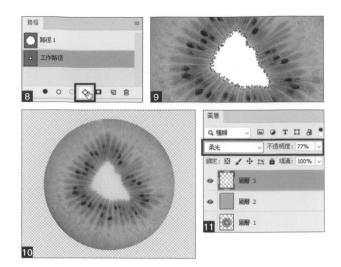

ONE POINT

繪製形狀複雜的路徑時，可以使用**魔術棒工具**等建立選取範圍再填滿的方法。如果要和範例一樣，建立精密的路徑時，可以將影像置入 Illustrator，在**影像描圖**面板中，設定路徑的精密度，執行『**物件→影像描圖→製作並展開**』命令，擷取路徑。

05 增加新的調整圖層提高整體影像的亮度

按下**圖層**面板下方的**建立新填色或調整圖層**鈕，執行『**色階**』命令 **12**，增加調整圖層。接著在**內容**面板中，將中間調的滑桿略微往左移，讓整個影像變得比較明亮 **13** **14**。這樣就完成影像調整了，存檔後關閉檔案。

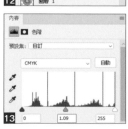

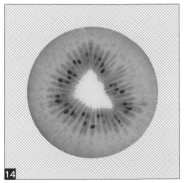

06 在 Illustrator 先調整設計的格式

回到 Illustrator，調整名片的基本版面。使用**矩形工具**繪製直徑為 55mm 的正方形 ，利用**對齊**面板，讓正方形與先前繪製的直徑 55mm 正圓形居中對齊。接著選取正方形，執行『**效果→裁切標記**』命令，建立裁切標記 16 17。

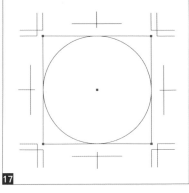

07 置入調整完畢的影像並裁切成適當大小

執行『**檔案→置入**』命令，置入剛才調整完畢的影像，接著更改大小與角度 18 19。請將影像調整成略大於完成尺寸框的大小。然後繪製比完成尺寸的直徑 55mm 大 5～6mm 的正圓形路徑，居中對齊，並選取影像 20，按下 Ctrl (⌘) + 7 鍵，建立剪裁遮色片，裁剪影像 21。

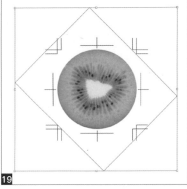

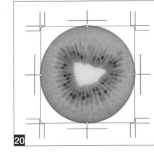

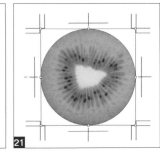

08 置入白色文字完成設計

最後編排文字，完成設計。假設要製作的名片為雙面印刷，所以拷貝兩個檔案，正面置入 LOGO，背面輸入商店資料，文字顏色設定成能襯托影像的白色 22 23。

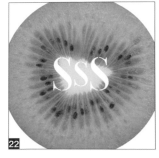

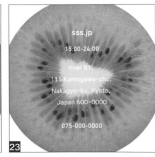

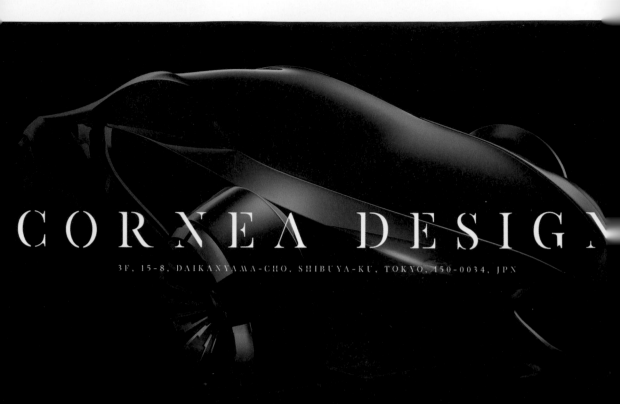

CORNEA DESIGN

3F, 15-8, DAIKANYAMA-CHO, SHIBUYA-KU, TOKYO, 150-0034, JPN

呈現彩色光線的
夢幻視覺風格

在灰階影像上,逐漸疊上漸層顏色,
製作出在彩色 LED 燈照射下的打光風格影像。

Ps CC 2021　**Ai** CC 2021　CREATOR: Hayato Ozawa (cornea design)　使用素材: iStock

069

01 用 Photoshop 開啟原始影像並調整明暗，完成事前準備

準備一張要編修成彩色燈光風格的原始影像。這次選擇了灰階色調、只有頭燈有顏色的影像 **1**。挑選素材時，當然也可以選擇一般的照片，但是實際的打光情境和夜晚一樣，選擇暗色調且顏色較少的照片效果比較好。使用 Photoshop 開啟影像，先調整明暗比例。這裡拷貝了影像圖層，設定「**混合模式：濾色**」，將整個影像略微提亮 **2** **3**。

02 使用放射性漸層在影像疊上色彩

建立新圖層，選取**漸層工具** **4**，接著在**控制**面板選取「**放射性漸層**」**5**，利用左側的縮圖開啟漸層編輯器。建立由深藍變化成黑色的漸層，套用在整個圖層上 **6**，將圖層設定為「**混合模式：顏色**」，與下層的汽車影像融合，變成深藍色 **7**。同樣建立另外一個圖層，這次要建立並套用從畫面左下方開始由紅變白的放射性漸層 **8**，圖層設定為「**混合模式：色彩增值**」，表現出由車子後方照射紅色光線的效果 **9** **10**。

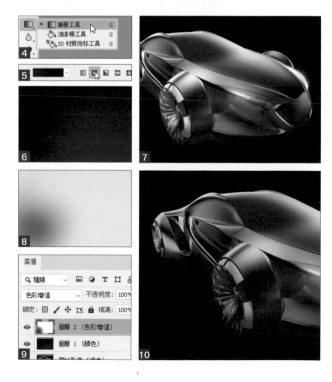

1 BASIC

2 TYPOGRAPHY

3 COLOR

4 TITLE & MARK

5 PHOTOGRAPHY

6 DECORATION

03 繼續疊加藍紅漸層

按照相同步驟,逐漸疊加色調。建立新圖層,在畫面周圍套用剛才的藍黑放射性漸層 **11**,設定「**混合模式:顏色**」**12**。繼續建立新圖層,在車子前方套用紅白放射性漸層 **13**,圖層設定為「**混合模式:色彩增值**」**14**。

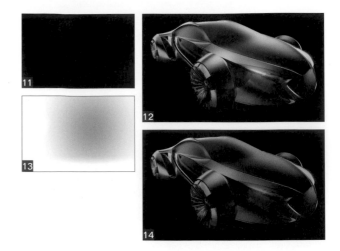

04 提高對比突顯強弱效果

按下**圖層**面板下方的**建立新填色或調整圖層**鈕,執行『**亮度 / 對比**』命令,在最上面建立新的調整圖層 **15**。在**內容**面板中,大幅提高「**對比**」值 **16**,讓整體產生明顯的強弱效果 **17**。

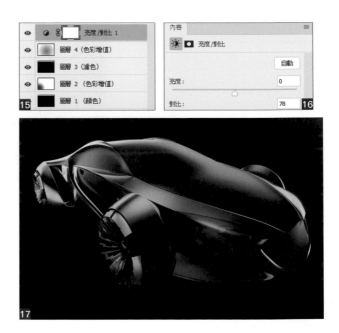

05 繼續增加強烈色調,
加強光線的效果

建立新圖層,按照和前面一樣的步驟,在深紅褐色的背景加入含有橘色的放射性漸層 **18**,並把圖層設定為「**混合模式:濾色**」**19** **20**。

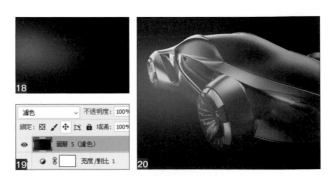

06　在混合模式為正常的圖層　　套用半透明的漸層效果

建立兩個新圖層，用正常混合模式加入強烈的色調。在車子後方的位置套用由深紅變成透明的放射性漸層 **21**，接著，在內側頭燈套用綠色變透明的放射性漸層，呈現出綠色光線照射在頭燈上的效果 **22**。疊上這兩個圖層後，形成圖 **23** **24** 的狀態。檢視色彩比例，把發揮反差效果的綠色圖層調整成「**不透明度：68%**」。

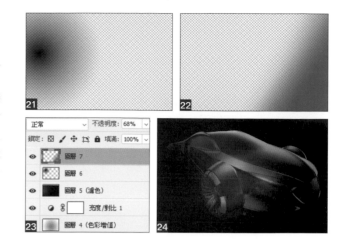

07　在最上層疊上淺淺的原始　　影像，融合整體的色調

拷貝最下層的原始影像圖層，放置在最上層 **25**，設定「**混合模式：色彩增值**」，與下層影像融合。這樣就能讓前面重疊的各種顏色自然融合，並加深陰影，讓人印象更深刻 **26**。

08　將整體影像調整成偏藍色　　再編排文字即完成

最後要讓整個影像略微偏藍。在最上面建立新圖層，用深藍色填滿 **27**，設定「**混合模式：濾色**」、「**不透明度：34%**」，與下層影像融合 **28** **29**，這樣就完成視覺影像的部分了。為了襯托色彩鮮豔的影像，輸入白色文字，完成設計 **30**。

1 BASIC

2 TYPOGRAPHY

3 COLOR

4 TITLE & MARK

5 PHOTOGRAPHY

6 DECORATION

利用影像合成
創造虛擬情境

雨後的積水倒映出藍天與人影⋯⋯，這次要利用
影像合成，製作出這種不易拍攝的戲劇化情境，
當作主視覺使用。

070

`Ps` CC 2021　`Ai` CC 2021　　CREATOR: Hayato Ozawa (cornea design)　**使用素材**: iStock

01 用 Photoshop 開啟原始影像並調整色調，完成準備工作

此範例要製作正方形的影像，當作設計作品的主角。針對「倒影」這個主題，聯想到雨後積水上倒映蔚藍天空及人影的場景。但是要拍出這種照片並不容易，身邊也沒有可以委託拍攝的攝影師或修圖人員。假設遇到這種情況，可以利用 Photoshop 合成圖庫裡的素材影像，自行製作出虛擬情境。首先準備積水照片 **1**，拷貝圖層，設定「**混合模式：柔光**」、「**不透明度：59%**」，與下層影像融合，將整個影像調整成比較明亮的色調 **2 3**。

02 準備倒映在積水上的人物剪影

準備女性的剪影照片 **4**。為了與積水影像合成，先去除白色背景完成去背。首先，將人物影像放在積水影像的上面，按下 V 鍵（**移動工具**）或按下 Ctrl（⌘）+ T 鍵（任意變形），使用邊框旋轉 180 度，形成上下顛倒的狀態 **5**。接著隱藏積水影像，只顯示人物影像，在**色版**面板中，按下**載入色版為選取範圍**鈕，建立白色部分的選取範圍 **6**，再按下 Shift + Ctrl（⌘）+ I 鍵，反轉選取範圍。在圖層面板中選取人物圖層，按下**增加圖層遮片 7 8**，就能用遮色片把白色部分隱藏起來。這樣雖然可以把蕾絲及頭髮等複雜的部分完美去背 **9**，卻因為原始影像的灰色部分是透明的，使得肌膚等明亮部分呈現透明狀態 **10**。

1 BASIC
2 TYPOGRAPHY
3 COLOR
4 TITLE & MARK
5 PHOTOGRAPHY
6 DECORATION

03 調整人物的圖層遮色片，避免肌膚變透明

選取剛才增加的圖層遮色片，在遮色片上用白色填滿不想變透明的部分（肌膚等）。後面的步驟會大幅變形去背後的人物影像，這裡適當選擇即可，不過這次我們仍先仔細去背。塗抹遮色片的方法包括利用**筆型工具**建立封閉路徑，載入路徑作為選取範圍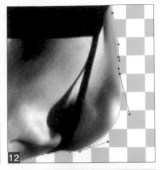，或使用**筆刷工具**直接塗抹。如果想單獨顯示遮色片，可以按住 Alt（Option）不放並按一下圖層遮色片縮圖。利用**色版**面板的眼睛圖示也能切換顯示／隱藏圖層遮色片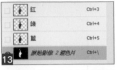，完成去背。

04 利用波形濾鏡變形人物剪影

此步驟要讓去背後的人物剪影呈現倒映在積水上的晃動模樣。拷貝人物圖層，原始影像先隱藏起來備用。接著選取拷貝後的圖層，執行『**濾鏡→扭曲→波形效果**』命令。這個範例套用了圖的設定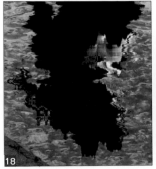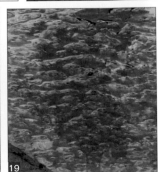，並將圖層設定為「**混合模式：柔光**」，與下層的積水影像融合。

05 拷貝剪影圖層，加深倒影的顏色

拷貝設定成柔光模式的人物圖層，重疊兩個圖層 **20**，加深倒影的顏色 **21**。

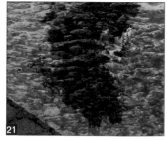

06 準備彷彿塗上大片塗料的紋理

準備四處出現不均勻的塗料，有著人工塗抹感的藍色紋理 **22**。將紋理置於最上面的新圖層，設定「**混合模式：柔光**」，融合影像，增加鮮豔的藍色調質感 **23**。

07 準備藍天白雲影像，上下顛倒合成影像

準備藍天白雲的照片，與積水影像合成 **24**。把影像放置在最上層，旋轉 180 度，上下顛倒，設定「**混合模式：柔光**」，融合影像。接著拷貝兩個圖層，加深倒影的顏色 **25**。圖 **26** 是重疊一個天空圖層的狀態，圖 **27** 是重疊兩個天空圖層後的狀態。天空的倒影變得鮮豔，營造出適當的氛圍。

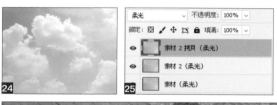

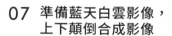

1 BASIC
2 TYPOGRAPHY
3 COLOR
4 TITLE & MARK
5 PHOTOGRAPHY
6 DECORATION

08 使用調整圖層調整
人物剪影的色調

為了讓人物剪影看起來像融入天空的藍色，只降低人物的鮮豔度，浮現出陰影。按下**圖層**面板下方的**建立新填色或調整圖層**鈕，執行『**色相／飽和度**』命令，在最上層建立調整圖層 28。在選取這個調整圖層的狀態，按住 Ctrl（⌘）鍵不放，並按一下扭曲後的人物剪影圖層縮圖，載入選取範圍 29，按下**增加圖層遮色片**鈕 30。圖 31 是增加了遮色片的狀態，這樣就只會在人物剪影套用「**色相／飽和度**」。在**內容**面板中，設定「**飽和度：-24**」32，降低飽和度，加強陰影的感覺。圖 33 是調整前，圖 34 是調整後的狀態。

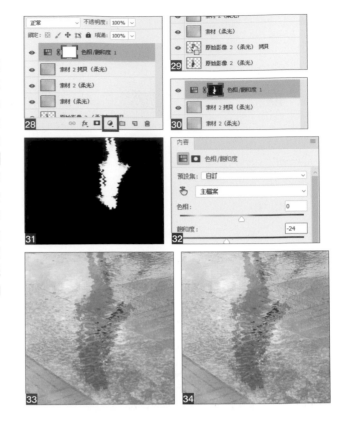

09 利用曲線提亮整體影像並
編排文字即完成

按下**圖層**面板的**建立新填色或調整圖層**鈕，執行『**曲線**』命令，在最上面建立新的調整圖層 35。將「CMYK」色版的曲線調整成碗型，讓整個影像變得比較明亮 36 37。完成調整後，裁剪成正方形，加上文字就完成了 38。為了讓影像有統一感，也以左右相反的方式放置文字「映り込み（倒影）」。

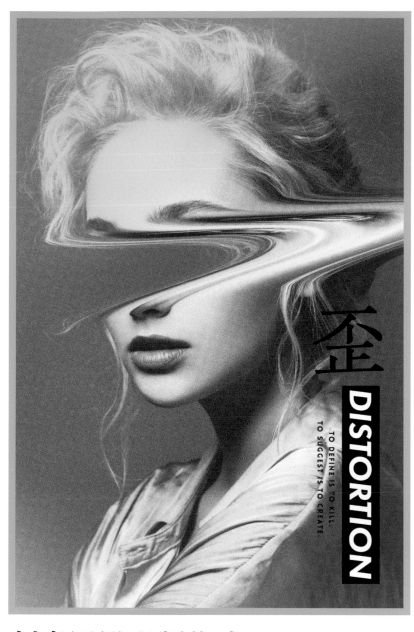

歪 DISTORTION

TO DEFINE IS TO KILL.
TO SUGGEST IS TO CREATE.

1 BASIC

2 TYPOGRAPHY

3 COLOR

4 TITLE & MARK

5 PHOTOGRAPHY

6 DECORATION

刻意用變形製作出
令人印象深刻的視覺影像

大膽在照片中的人物加上不合常理的變形效果，
利用這種影像吸引目光，讓觀看者留下深刻印象。

Ps CC 2021　**Ai** CC 2021　CREATOR: Hayato Ozawa (cornea design)　使用素材: iStock

071

01 利用 Photoshop 的液化 滤镜大幅變形人物照片

假設要以「扭曲」為主題，製作變形照片後的視覺設計。這次準備了女性照片當作原始影像。使用 Photoshop 開啟影像，拷貝圖層，先隱藏原始影像備用。選取拷貝後的影像圖層，按下 Ctrl (⌘) + T 鍵（或執行『編輯 →任意變形』命令），顯示邊框，先略微縮小影像，讓影像變得比版面尺寸還小一點 。由於之後會再略微放大影像，所以最好先預留解析度，製作得比完成尺寸大一點。執行『濾鏡→液化』命令，在編輯畫面中選取向前彎曲工具，「尺寸」與「濃度」設成較大的數值，大幅延伸女性的臉部 。

02 將液化部分的邊緣 調整得比較平滑

由於女性的臉部往右延伸，左側背景因移動而變成透明，因此顯示剛才先隱藏起來的原始影像，錯開位置，讓顏色顯示在背景中 。假如這樣仍有空隙，可以建立新圖層，使用滴管工具，揀選背景色，置入邊緣模糊的色塊。完成之後，選取液化後的影像圖層，按下增加圖層遮色片鈕，接著，選取筆刷工具，設定模糊效果，用黑色在遮色片上塗抹 ，將液化後的影像邊緣變平滑。此外，圖  是在背景變成透明的部分加上顏色的新圖層，圖 9 是只顯示調整影像邊緣的圖層遮色片。

03 將影像變成灰階並調整位置與尺寸

再次放大影像，根據完成尺寸調整大小與位置 **10**。執行『**影像→模式→灰階**』命令，將影像轉成灰階模式 **11**。

04 為影像增加雜訊製造粗糙質感

此步驟要在影像中添加雜訊，製造粗糙質感，調整視覺。按下 Ctrl (⌘) + A 鍵，選取全部，然後按下 Shift + Ctrl (⌘) + C 鍵拷貝合併，再按下 Ctrl (⌘) + V 鍵，貼至新圖層。接著執行『**濾鏡→雜訊→增加雜訊**』命令，設定「**總量：50%**」，在拷貝後的影像增加粗糙的質感 **12** **13**。之後將圖層設定為「**混合模式：覆蓋**」，讓質感與原本的影像融合 **14** **15**。

05 用灰色填滿新圖層並用濾鏡製作網點

建立新圖層，並用灰色填滿整個圖層 **16**。執行『**濾鏡→像素→彩色網屏**』命令，利用色塊製作網點 **17** **18**。影像尺寸會改變網點大小，請調整成適當的「**最大強度**」。

1 BASIC

2 TYPOGRAPHY

3 COLOR

4 TITLE & MARK

5 PHOTOGRAPHY

6 DECORATION

06 改變混合模式，合成網點與影像

把製作成網點的圖層移到增加雜訊後的影像下方，設定「**混合模式：柔光**」。在下層影像融合網點，減少照片的真實感，形成印刷品的風格 **20**。

07 重疊色塊在整體套用顏色完成設計

這次是捨棄照片的顏色，以灰階方式進行編修 **21**，但是現在要在整個畫面加上新的顏色，刻意營造出與真實色調截然不同的效果。建立新圖層，放置在網點圖層的前面，用黃綠色填滿整個圖層，設定「**混合模式：色彩增值**」**22 23**。接著再建立一個圖層，使用**漸層工具**建立藍色到粉紅色的漸層，填滿整個圖層後，設定「**混合模式：濾色**」**24 25 26**。

之後再建立新圖層，在整個設計加入黃綠色邊緣，統一影像，最後輸入文字就完成了 **27**。由於這是將漸層色覆蓋在整個版面的設計，所以用黑色突顯文字的存在感。配合影像，以傳統方正的明朝體輸入大型標題「歪」字。用反白的粗黑體突顯英文「DISTORTION」，產生強弱對比。日文標題選擇「あおい金陵 M」字體，英文標題是「Futura PT Heavy Oblique」字體，下面的標語使用了「Lovelo Black」字體。

DES 1988
[www.aabbcc.org]
river B1, 111 Kamogawa-cho, Nakagyo-ku, Kyoto,
Japan 600-0000

重疊圖層增加生動感

合成構圖差不多，但是稍微錯開位置的影像，
可以製造出晃動效果，顯得更加生動。

 CC 2021　　 Ai CC 2021　　CREATOR: Wataru Sano

072

1 BASIC

2 TYPOGRAPHY

3 COLOR

4 TITLE & MARK

5 PHOTOGRAPHY

6 DECORATION

01 根據主題決定圖案，準備原始影像

此範例要製作貼在 CD 封套的貼紙影像。思考適合設計主題的圖案，這次要利用閃閃發亮的紋理完成具有動態感的影像，因此準備了河川照片當作原始影像 **1**。河川受到水流影響，水面的反光及陰影也會晃動。這次的手法若挑選了被攝體有動態感的照片，能表現出更生動的效果。

02 調整影像的明暗並讓輪廓變銳利

使用 Photoshop 開啟原始影像，調整成像是水流、水面光線、倒映陰影的色調。執行『**影像→調整→曲線**』命令，略微調暗中間調 **2**。接著執行『**濾鏡→銳利化→遮色片銳利化調整**』命令，讓輪廓變得比較清楚 **3** **4**。

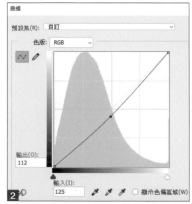

03 準備構圖一樣的連拍照片並執行相同的調整步驟

準備拍攝角度和圖 **1** 幾乎一樣的其他照片 **5**。拍攝狀況和圖 **1** 一樣，卻因為水會流動，使得光線與陰影變得不同。這張照片同樣先調整明暗 **6**。

04 準備另一張以相同構圖拍攝的照片

再準備一張角度幾乎一樣的照片並進行調整 **7**，把到目前為止準備的三張影像先放在同一個 Photoshop 檔案中的不同圖層內 **8**。

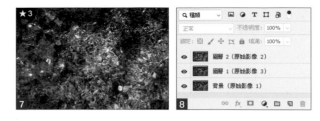

ONE POINT

即使只有一張原始影像也能製作出這種效果，但是為了完成變化更豐富的影像，這裡使用了多張照片。以相同攝影條件拍攝一樣的構圖，利用微妙的角度差異與位置偏移是產生動態感的關鍵。

05 對重疊在上面的影像套用模糊效果

這些影像圖層分別為最底下是「原始影像 1」，上面是「原始影像 2」及「原始影像 3」。針對上面的原始影像 2 與 3 執行『**濾鏡→模糊→動態模糊**』命令，分別套用一點點模糊效果 **9**。圖 **10** 是「原始影像 2」（放置在最上面）套用濾鏡前的狀態，圖 **11** 是套用濾鏡後的狀態。

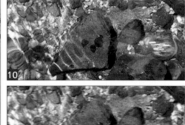

06 降低上面兩張影像的不透明度，合成影像

降低前面兩個影像圖層的「**不透明度**」，與原始影像合成 **12**。重疊半透明的圖層，自然擴大了水面的波紋。檢視合成狀態，並進行調整。把最上層圖層的（原始影像 2）設定為「**不透明度：80%**」，下面圖層（原始影像 3）設定為「**不透明度：90%**」**13**，完成調整後，按住 Shift 鍵不放，同時選取上面兩個圖層，按下 Ctrl (⌘) + E 鍵，合併圖層 **14**。

1 BASIC

2 TYPOGRAPHY

3 COLOR

4 TITLE & MARK

5 PHOTOGRAPHY

6 DECORATION

07 改變上層圖層的設定，讓水面的光影變明顯

接著要突顯水面的反射光與陰影。選取合併了原始影像 2 與 3 的圖層，按下 Ctrl（⌘）+ I 鍵（或執行『**影像→調整→負片效果**』命令），反轉色階 15，再將這個圖層設定為「混合模式：顏色」16。因為負片效果產生的偏藍顏色與原始影像融合，形成藍色陰影明顯的影像 17。之後設定「**不透明度：50%**」，降低圖層透明度，抑制藍色調，與下層顏色重疊，變成黑白風格 18。最後略微加深下層原始影像的陰影，完成視覺影像 19。

此外，調整陰影的步驟是，拷貝原始影像的圖層，執行『**影像→調整→曲線**』命令，稍微加深陰影，再以「**不透明度：90%**」與原始影像融合。

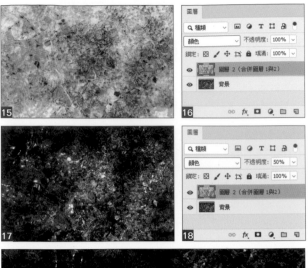

08 置入白色文字完成設計

將完成影像置入 Illustrator 的新檔案內，輸入文字，完成設計。置入影像後，在上面建立和完成尺寸一樣大的正方形路徑，調整位置之後，選取所有物件，按下 Ctrl（⌘）+ 7 鍵，建立剪裁遮色片，修剪影像。配合黑白明亮的影像氛圍，選擇置入白色的文字元素。LOGO 使用粗體增加白色面積，突顯 LOGO 部分 20 21。圖 22 是完成後的設計作品。

FRUIT

MARKET

1 BASIC

2 TYPOGRAPHY

3 COLOR

4 TITLE & MARK

5 PHOTOGRAPHY

6 DECORATION

073

排列去背
物件製作
圖樣

排列去背照片,製作成
圖樣,完成略微超現實
又吸睛的視覺設計。

Ps CC 2021　**Ai** CC 2021

CREATOR: Malko Ueda
PHOTO: Takanori Fujishiro

💎 基本規則

排列去背照片

在頁面置入照片時的形狀包括以正方形
或矩形置入的「方版」、以正圓形或橢圓
形置入的「圓版」、沿著主體的形狀裁剪
照片的「去背」等。去背因為去除了背
景資料,而能直接檢視主體本身。由於
物件的形狀形形色色,因此這項技巧也
可以發揮在製作生動熱鬧的版面設計。

01 準備原始照片並去背

此範例要製作水果店的視覺影像,準備了蘋果照片當作原始影像。蘋果照片有兩種,包括用灰色背景拍攝的蘋果 **1**,以及咬了一口的蘋果 **2**。首先用 Photoshop 開啟圖 **1** 的影像,準備去背。使用**筆型工具**沿著蘋果的輪廓建立封閉路徑,在**路徑**面板中,選取工作路徑,利用選項選單執行『**製作選取範圍**』命令,建立蘋果的選取範圍 **3**。按下**路徑**面板下方的**載入路徑作為選取範圍**,也能建立蘋果的選取範圍。圖 **2** 也執行相同處理。

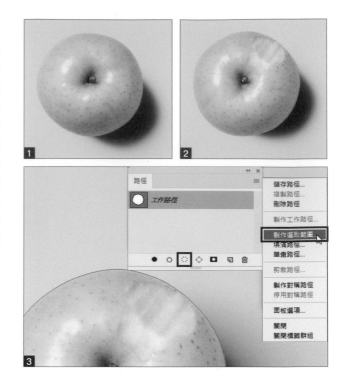

02 分別將蘋果本身與陰影去背

在維持選取範圍的狀態,選取蘋果圖層,按下 Ctrl (⌘) + J 鍵(或執行『**圖層→新增→拷貝的圖層**』命令),將蘋果去背。圖 **4** 只顯示了去背後的圖層。接著將蘋果的陰影去背。選取原始影像圖層,執行『**選取→顏色範圍**』命令,按一下灰色的背景,設定「朦朧:200」 **5** **6**。由於建立了背景的選取範圍,所以按下 Shift + Ctrl (⌘) + I 鍵(或執行『**選取→反轉**』命令)反轉選取範圍,按下 Ctrl (⌘) + J 鍵,拷貝至新圖層 **7**。使用顏色範圍時,蘋果的選取範圍有留白也沒關係,陰影的選取範圍太小時,請降低「**朦朧**」,進行調整。最後刪除或隱藏原始影像 **8**。

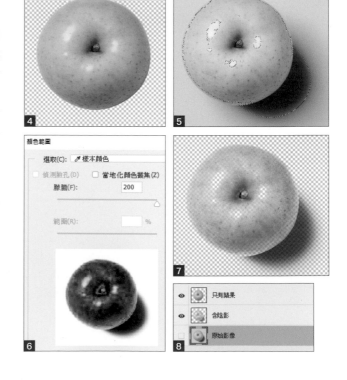

03 完成去背後置入新檔案

接著使用**多邊形套索工具**大致建立包圍蘋果與陰影的選取範圍，反轉選取範圍，分別在各個圖層按下 Delete 鍵，刪除細微的雜訊，這樣就完成去背工作了 。按照相同步驟，將咬了一口的蘋果照片去背 。之後建立和設計尺寸一樣大的新檔案，此範例要製作 A4 大小（210×297mm）的作品。在**圖層**面板中，同時選取蘋果  的本體與陰影圖層，拖放到新檔案內，按下 Ctrl（⌘）+ G 鍵，建立群組。背景設為水藍色「C：30」，填滿背景圖層，陰影圖層設為「**混合模式：色彩增值**」。接著執行『**檢視→新增參考線配置**』命令，欄設定為「**頁碼：3**」，列設定為「**頁碼：4**」，建立參考線 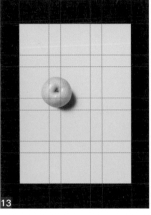 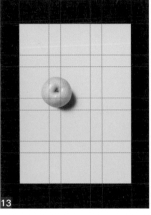。

04 調整顏色並為了後續步驟而先更改角度

執行『**影像→調整→色相／飽和度**』命令，設定「**色相：8**」，讓蘋果的顏色稍微偏青一點 。之後要等距置入素材，所以預定會整個旋轉 30 度，但是考量到陰影的位置，先把圖層群組旋轉 -30 度 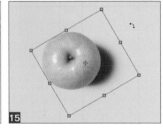。

05 沿著參考線拷貝蘋果，水平排列蘋果至版面外側

沿著參考線拷貝並排列蘋果群組。按住 Shift + Alt（Option）鍵不放，往橫向及直向拖曳蘋果，進行水平／垂直移動與拷貝。首先水平排列三顆蘋果，在**圖層**面板中，同時選取這三個群組，在版面上移動一個參考線的距離，形成版面外側也有一顆蘋果的狀態 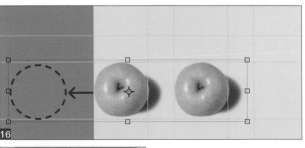 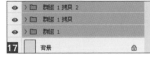。接著在空白的右側加上一顆蘋果，水平排出四顆蘋果。

1 BASIC
2 TYPOGRAPHY
3 COLOR
4 TITLE & MARK
5 PHOTOGRAPHY
6 DECORATION

06 把蘋果排成磚塊狀並調整位置與角度

同時選取水平排成一整排的蘋果，往垂直方向拷貝，排成磚塊狀。垂直方向也有一顆蘋果會超出版面外 **18** **19**。完成配置之後，選取所有群組，按下 `Ctrl`（`⌘`）+ `T` 鍵（或執行『**編輯→變形→旋轉**』命令），旋轉 30 度，檢視比例，調整位置。把中央附近的蘋果換成咬一口的蘋果影像，當作重點 **20**。咬一口的蘋果影像也已經先調整過色調。

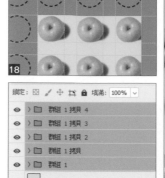

07 將影像置入 Illustrator

在 Illustrator 建立 A4 大小的新檔案，置入影像。選取**矩形工具**，在距離工作區域內側 30mm 的位置建立矩形路徑（寬度 150 × 高度 237mm），設定「**筆畫寬度：6pt**」、「**對齊筆畫：筆畫內側對齊**」**21** **22**。分別將文字「FRUIT」與「MARKET」放在矩形的上下兩邊，左右居中對齊，並調整文字大小。接著根據文字大小繪製矩形路徑，執行『**物件→路徑→位移複製**』命令，在外側 5mm 的位置建立大一點的矩形 **23** **24**，再刪除原本內側的矩形。在和工作區域相同的位置上，建立一樣大小（A4）的矩形 **25**，同時選取包圍「FRUIT」與「MARKET」的矩形，按下**路徑管理員**面板的「**差集**」**26**。圖 **27** 是物件暫時加上顏色的結果，實際上會形成沿著文字周圍的矩形挖剪外框矩形的狀態。在此物件位於最上層的狀態下，同時選取圖 **21** 的外框路徑，按下 `Ctrl`（`⌘`）+ `7` 鍵（或執行『**物件→剪裁遮色片→製作**』命令），建立遮色片。隱藏框線被文字覆蓋的部分，讓文字變得比較容易閱讀 **28**。最後微調文字的位置，完成設計。

京都府京都市下京区木屋町通123 | 営業時間 18:00-23:00 | 電話 075-000-0000

拼貼照片傳達概念

組合多張照片，呈現震撼力及適度的違和感，
同時製作出與概念一致的廣告視覺設計。

Ps CC 2021　**Ai** CC 2021　CREATOR&PHOTO: Wataru Sano, Marin Osamura

074

◆◆ 基本規則

合成照片呈現虛擬視覺設計

用方版搭配圓版來呈現躍動感的排版方法是餐飲
店廣告常用的手法，這裡要進一步提升這項技
巧。將照片去背，取代成符合概念的背景。以有
律動感的方式連續排列圓版圖案，當作動態呈現
概念的工具，製造適當的違和感，建構出虛擬世
界。想向使用者傳達概念時，或希望更完整表達
想法時，很適合使用這項技巧。

1 BASIC

2 TYPOGRAPHY

3 COLOR

4 TITLE & MARK

5 PHOTOGRAPHY

6 DECORATION

01　根據主題準備原始影像

此範例要使用拼貼照片的手法，製作餐飲店的開幕廣告。首先使用 Photoshop 開啟要當作主角的人物影像 **1**。使用**筆型工具**沿著人物輪廓建立封閉路徑，將人物去背 **2**。完成之後，選取**路徑**面板中的工作路徑，在面板選項選單中，執行『**製作選取範圍**』命令，載入選取範圍 **3** **4**。「**羽化強度**」的像素數值愈小，邊緣愈清楚。在此希望人物與背景照片融合，所以設定成較大的數值，輸入「**0.8 像素**」。完成設定後，會以虛線顯示包圍人物的選取範圍。

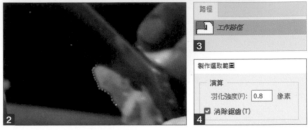

02　沿著選取範圍刪除背景，完成人物去背

將人物去背，刪除背景。按下 Shift + Ctrl (⌘) + I 鍵，反轉選取範圍 **5**。假如影像為背景圖層，請在圖層上雙按滑鼠左鍵（或執行『**圖層→新增→背景圖層**』命令），轉換成一般圖層，再使用**橡皮擦工具**刪除背景 **6**。

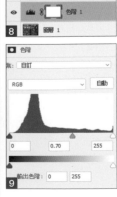

03　組合適合當作背景的其他照片

準備要當作背景使用的照片，建立新圖層，置於人物圖層的下層 **7**。按下**圖層**面板下方的**建立新填色或調整圖層**鈕，執行『**色階**』命令，調整影像對比 **8**。在**內容**面板中，把中間調滑桿略微往右移，根據人物的色調，調暗背景 **9**。完成調整後的調整圖層可以與下層影像合併。

04 替人物加上陰影與背景影像融合

替人物照片加上陰影，營造出人物與背景在相同空間的氛圍。在人物圖層上雙按滑鼠左鍵，開啟**圖層樣式**對話視窗，選擇「**陰影**」，顏色設定為**黑色**，並設定「**混合模式：色彩增值**」、「**不透明：60%**」、「**間距：80 像素**」、「**尺寸：80 像素**」，呈現深濃自然的陰影   。

05 疊上去背後的料理照片呈現律動感

在此準備「以俯視角度拍攝放在圓形餐具裡的料理」照片，去背之後進行拼貼，藉此製造律動感 。由於這次準備的照片，主體與背景有明顯的色調差異，因此不使用**筆型工具**這種建立去背用路徑的工具，而是利用**魔術棒工具**快速建立選取範圍 。使用和前面人物一樣的步驟去除背景 。

06 以有連續性的律動感排列相同的去背素材

在主影像上放置圓形餐具的去背照片  。和剛才合成背景時一樣，使用「**色階**」調整圖層調整明暗，再合併調整圖層與影像圖層。接著，也要替料理影像加上陰影。這裡要使用和前面不同的方法來加上陰影，讓料理看起來比人物更突出。選取料理圖層，按住 [Alt] ＋ [Ctrl]（[Option] ＋ [⌘]）鍵不放並將料理影像往左下方拖曳拷貝。接著把拷貝後的圖層移動到原始影像的下層  。

1 BASIC
2 TYPOGRAPHY
3 COLOR
4 TITLE & MARK
5 PHOTOGRAPHY
6 DECORATION

07 用黑色填滿去背照片並加上模糊效果製成陰影

按下 Ctrl （ ⌘ ）＋按一下左下方拷貝出來的料理圖層縮圖，載入選取範圍。接著選取**筆刷工具**用黑色填滿料理 **21**。取消選取範圍，執行『**濾鏡→模糊→高斯模糊**』命令，模糊黑色色塊的輪廓，製作成陰影 **22**。設定「**強度：100 像素**」，套用較大片的模糊效果，讓料理從背景浮現出來。檢視陰影的濃度，降低圖層的不透明度，設定「**不透明度：80%**」**23 24**。在和主要人物不同的空間中，讓去背後的料理浮現出來，刻意製造違和感，為設計增添特色，可以讓人留下深刻印象。

08 淺淺疊上其他料理照片讓背景變得繽紛熱鬧

在排列著清酒的背景照片上，置入新的料理照片，讓背景更熱鬧 **25 26**。將新的照片圖層設為「**混合模式：覆蓋**」，與背景融合 **27 28**。完成主視覺之後，儲存成 Photoshop 格式（.psd），置入 Illustrator 中，接著編排文字，完成設計。把主要的文字放在右側能展現穩定感 **29**，不過這個範例刻意放在左側浮現出來的去背照片附近 **30**。這樣不僅能突顯在動態區域的存在感，也不會與人物重疊，看起來較為清爽。

1 BASIC

2 TYPOGRAPHY

3 COLOR

4 TITLE & MARK

5 PHOTOGRAPHY

6 DECORATION

結合照片與繪畫的效果

在白色背景的照片中，搭配概略繪製的插畫。
製作保留鉛筆筆觸及筆畫細節的視覺設計。

075

Ps CC 2021　**Ai** CC 2021　CREATOR: Malko Ueda　PHOTO: Takanori Fujishiro

文字引用：「Spring (season)」『Wikipedia, the free encyclopedia』2018 年 10 月 16 日（火）04:12 UTC
URL：http://en.wikipedia.org/

01 準備要與照片搭配的插圖並去背

此範例要製作商店春季促銷廣告，完成在女性照片搭配花朵插圖的視覺設計。這次準備了鉛筆繪製的花朵當作插畫素材 **1**。先繪製一些素描插圖，不用過於仔細，組合大致繪製的插圖，能替畫面來帶生動與活潑的氣息。準備完成後，掃描插圖，使用 Photoshop 開啟，並將花朵去背。執行『**影像→調整→色階**』命令，提高對比，直到灰色紙張變白，呈現黑白狀態 **2**。接著，按下 Ctrl（⌘）+ A 鍵，選取全部物件，再按下 Ctrl（⌘）+ C 鍵拷貝後，建立新圖層，在工具列按下「**以快速遮色片模式編輯**」，然後按下 Ctrl（⌘）+ V 鍵貼上 **3 4**。在這個狀態下，再次按下「**以快速遮色片模式編輯**」**5**，恢復一般模式，背景中的白色部分就會變成選取範圍。按下 Shift + Ctrl（⌘）+ I 鍵，反轉選取範圍，並用黑色填滿 **6 7**，就能完成除了線稿之外，其餘部分為透明的素材。此外，圖 **7** 只顯示了背景為透明的插圖圖層。

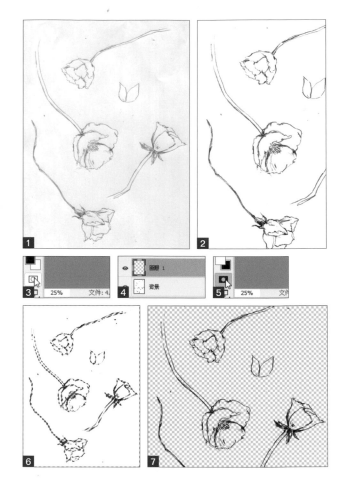

02 準備「用畫筆描繪的顏料素材」與背景照片融合

準備幾張用筆在紙上描繪的顏料素材，按照和花朵一樣的步驟，掃描後去背 **8 9**。這些保留筆觸變化的素材將與照片搭配在一起。使用 Photoshop 建立和設計尺寸一樣大的新檔案，置入要編修的女性照片 **10**，這次的尺寸設定為 A4（210×297mm）。接著，在影像上面分別拷貝＆貼上圖 **8 9** 的素材。利用**圖層**面板的面板選單，對各個素材圖層執行『**轉換為智慧型物件**』命令 **11**。

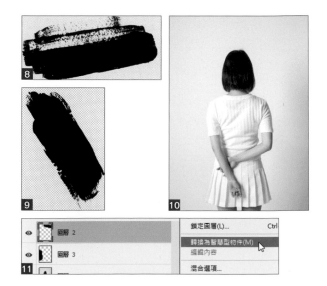

03 運用筆觸紋理在 女性周圍置入素材

將筆觸素材放置在女性周圍的留白上 **12**。分別在素材圖層縮圖上，雙按滑鼠左鍵，開啟**圖層樣式**對話視窗，設定「**顏色覆蓋**」，套用顏色 **13** **14** **15**。在此要加上帶有春天氣息的粉紅色與黃色。找出能完美呈現筆觸細節的位置，拷貝素材圖層，放在人物的四周 **16** **17**。安排素材位置時，已經先轉換成智慧型物件，因此可以保持原始影像的畫質，縮放、變形影像。

04 分別置入去背後的 花朵插圖

完成背景後，隨意擺放步驟 **1** ～ **7** 去背後的花朵插圖 **18**。把花朵分別放在獨立的圖層，有些重疊在照片上，有些藏在後面，一邊檢視比例，一邊調整位置。由於之後要在版面左上方置入文字，所以這裡先空下來。要藏在後面的部分請用圖層遮色片隱藏起來。圖 **19** 的部分因為上面的花莖與下面的花朵重疊，所以用圖層遮色片隱藏部分花莖 **20**。這個步驟是，先選取上面的花朵圖層，在**圖層**面板中，按下**增加圖層遮色片**鈕 **21**，在選取圖層遮色片縮圖的狀態，用黑色筆刷塗抹要隱藏的部分 **22**，塗黑的部分就會被隱藏起來。

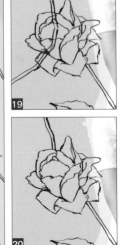

1 BASIC

2 TYPOGRAPHY

3 COLOR

4 TITLE & MARK

5 PHOTOGRAPHY

6 DECORATION

05 調整插圖與照片的
前後關係進行排版

調整剛才利用遮色片隱藏花莖的花朵
部分 23。這次要把下面的花莖隱藏在
照片中的女性後方，因此增加圖層遮
色片，隱藏前面的莖與葉 24。為了單
獨調整葉子的角度，重新配置，所以
拷貝花朵圖層，先用白色筆刷塗抹遮
色片，顯示所有物件 25，接著往左
移動，向左下方調整角度，只保留葉
子，其他部分用遮色片隱藏起來 26。

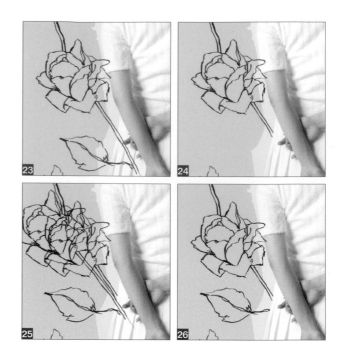

06 用白色填滿部分花朵，
增加強弱對比，完成設計

完成花朵排版後 27，最後將幾朵花
塗成白色，加上強弱對比。在要上色
的花朵圖層下方建立新圖層，使用**多
邊形套索工具**大致建立選取範圍，用
白色填滿 28。這個範例選擇把疊在
女性身上的花朵變成白色。利用花朵
連結，讓照片與插圖產生一體感。此
外，上色時以略微超出輪廓的方式塗
上白色，製造隨興的氛圍。完成視覺
影像後，在左上方編排文字。由於插
圖風格較為隨興，因此文字選擇風格
洗練俐落的字體，提高可讀性，同時
營造強弱對比，這樣就完成了 29。

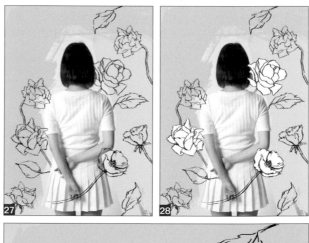

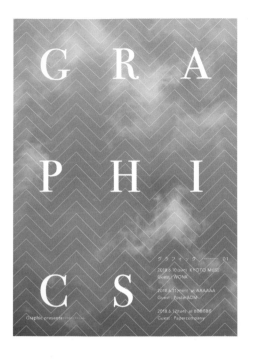

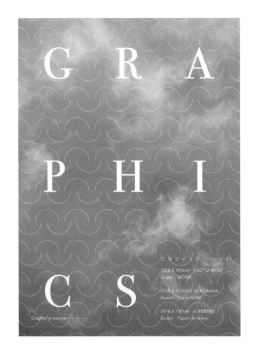

1 BASIC

2 TYPOGRAPHY

3 COLOR

4 TITLE & MARK

5 PHOTOGRAPHY

6 DECORATION

在照片上重疊幾何圖樣
填滿整個設計

在照片上重複顯示圖案，配置成圖樣。
利用「照片＋圖樣」可加強對作品的印象。

076

Ps CC 2021　Ai CC 2021　CREATOR&PHOTO: Wataru Sano

💎 **基本規則**

利用「照片＋圖樣」加深印象

這是在覆蓋整個頁面的照片上，加上幾何
圖形的技巧。在原始照片加上圖樣，可以
傳達訊息。這個範例選擇了扁平的天空紋
理當作背景，不著痕跡地突顯細線圖樣。
不同圖樣可能產生印象落差，例如看起來
俐落或有點趣味性。此外，照片的差異也
會改變圖樣的呈現方法及印象。請仔細評
估素材，找出符合目標的呈現方法。

01 先決定頁面大小，用 Illustrator 製作版面

此範例要製作以「GRAPHICS」為主題，B6 大小（128×182mm）的活動宣傳單。首先，用 Illustrator 建立新文件，利用**矩形工具**繪製和完成尺寸一樣大的矩形框。在外框內輸入主要的標題 **1**。此範例要在整張照片上放置文字與圖樣，所以將文字設定大一點，調整比例以填滿版面的方式置入文字 **2**。

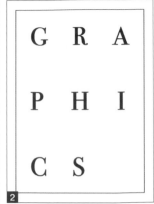

02 輸入其他文字資料在整個頁面置入照片

在右下方的留白中，統一放置活動的詳細資料，左下方則輸入主辦者的資料 **3**。接著，將照片置入整個版面，並將文字改成白色 **4**。

03 利用簡單的圖形路徑製作疊在照片上的圖樣

繪製 10mm 的正方形與 14mm 的正圓形路徑 **5**，製作兩種原始圖樣。首先使用**直接選取工具**選取兩個物件右側的一個錨點 **6**，然後刪除 **7**。接著旋轉 45 度，變成山形 **8**，之後個別製作成圖樣。這裡是使用**鏡射工具**，設定「**座標軸：水平**」，按下「**拷貝**」鈕，橫向連接反轉並拷貝正方形後的圖形 **9**。按住 Shift + Alt（ Option ）鍵往水平方向拖曳，拷貝連接的物件，再按下 Ctrl（ ⌘ ）+ D 鍵反覆拷貝 **10 11**。

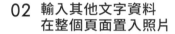
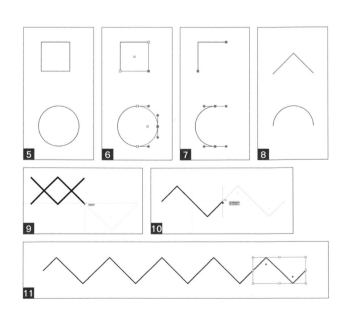

254

04 橫向排列反轉並拷貝圓形物件

圓形物件和四邊形物件一樣，使用**鏡射工具**反轉並拷貝 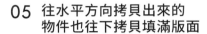，將拷貝後的圖形往正下方移動到原始圓形的位置，再按下**確定鈕** 13。往水平方向移動圓形的半徑距離，讓圓形的中心與物件的左邊重疊 14。以適當的距離往水平方向拷貝這兩個錯開位置的物件 15。

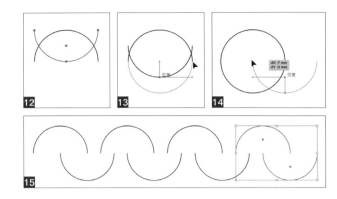

05 往水平方向拷貝出來的物件也往下拷貝填滿版面

拷貝並排列兩種橫長物件，分別往垂直方向拷貝，完成圖樣 16 17。首先往垂直方向拷貝一個物件，然後重複按下 Ctrl (⌘) + D 鍵，以相同的間隔拷貝物件。最後四邊形物件變成鋸齒狀線條，圓形物件變成弧形鎖鏈。

06 把完成後的圖樣重疊在照片上完成設計

拷貝宣傳單的設計資料，分別將兩種圖樣放在照片的上層，調整位置與大小 18。圖樣的線條顏色和文字一樣設定為白色，並將寬度變細。考量照片的比例及文字的可讀性，以恰到好處的比例置入圖樣。最後使用遮色片隱藏超出版面的圖樣。建立和設計完成尺寸一樣大的 B6 矩形路徑，放在最上層，同時選取矩形路徑與圖樣，按下 Ctrl (⌘) + 7 鍵，建立剪裁遮色片 19 20 21。

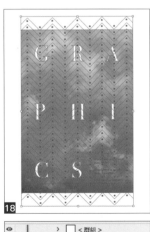

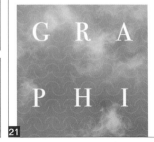

拼貼上色後的照片與文字

拼貼轉成黑白色調的去背照片與文字。
讓豐富的視覺影像與標題合而為一，加深對作品的印象。

077

Ps CC 2021　Ai CC 2021　　CREATOR: Hayato Ozawa (cornea design)　使用素材: iStock

01　準備拼貼用的照片素材　並用 Photoshop 去背

此範例要製作以「BOTANICAL」為標題，拼貼花與葉的設計。首先準備照片素材，使用 Photoshop 去背，這個範例準備了石榴葉的照片 **1**。如果影像位於背景圖層，請先在圖層縮圖上雙按滑鼠左鍵，轉換成一般圖層，或將影像拷貝至新圖層。使用**魔術棒工具**按一下背景的白色部分，載入選取範圍，按下 [Shift] + [Ctrl] ([⌘]) + [I] 鍵，反轉範圍，執行『**選取→修改→羽化**』命令，以及執行『**選取→修改→縮減**』命令 **2 3 4**。此外，「羽化強度」與「縮減」皆設定為 **2 像素**。在此狀態下選取影像圖層，按下**增加圖層遮色片鈕 5 6**，這樣就完成去背了 **7**。

02　在影像上增添粗糙質感

在此要先拷貝影像圖層，以增加質感。執行『**濾鏡→雜訊→增加雜訊**』命令，加上粗糙質感 **8**，並設定「**混合模式：柔光**」，與下層影像融合 **9 10**。在這個階段先統一選取圖層，按下 [Ctrl] ([⌘]) + [G] 鍵，建立群組，把先前增加的圖層遮色片縮圖拖放到群組資料夾內，就能在整個群組套用去背用的遮色片。

03　使用調整圖層轉換成灰階

按下**圖層**面板下方的**建立新填色或調整圖層鈕**，執行『**黑白**』命令，把影像轉換成灰階 **11 12 13**，設定「**預設集：預設**」。從這個狀態開始將覆蓋上新的顏色。

04 提高整個影像的對比，發揮強弱效果

按下**圖層**面板下方的**建立新填色或調整圖層**鈕，執行『**亮度 / 對比**』命令 **14**，在**內容**面板中，大幅提高亮度與對比，加強明暗落差，製造強弱對比 **15 16**。

05 重疊純色色塊為葉子上色

建立新圖層，放在群組的最前面，填滿深藍色 **17**。由於群組加上了圖層遮色片，所以會自動將色塊裁剪成葉子的形狀。接著，將圖層設定為「**混合模式：濾色**」，把灰色的深淺轉換成藍色 **18**。另外再建立一個新圖層，這次用水藍色填滿，設定「**混合模式：加深顏色**」，檢視狀態，調整「**不透明度**」。整個影像變成深藍色，亮部變成鮮豔的水藍色 **19 20**，這樣就完成一個拼貼素材了。

06 準備其他素材進行編修

準備蘭花素材 **21**，去背後上色。步驟和前面幾乎一樣，但是省略拷貝素材圖層，加上雜訊的步驟。後續拼貼時，會將剛才的葉子放在前面，因此這裡要控制質感。原始影像是偏黃的藍色，但是這裡調整成接近剛才的葉子顏色，變成清爽的藍色 **22**。

07 準備另一個素材
並調整成紫色

準備另一個素材 。這是藍色的大理
花影像，此次要加入紅色，變成紫色
。和蘭花一樣，這裡也省略添加
雜訊的步驟。此外，在調整過程中，
在最上面增加「色相 / 飽和度」調整
圖層，控制飽和度。

08 用 Illustrator 建立外框
拼貼影像即完成

啟動 Illustrator，建立新檔案，製
作基本的設計版面 27。選取標題
「BOTANICAL」按下 Shift + Ctrl
（⌘）+ O 鍵（或執行『文字→建立
外框』命令），轉成外框。置入剛才製
作完成的植物影像，以包圍各個文字
前後的方式排版，讓標題與影像合而
為一，完成設計作品 28 29 30 31。

1 BASIC

2 TYPOGRAPHY

3 COLOR

4 TITLE & MARK

5 PHOTOGRAPHY

6 DECORATION

這一章要介紹可以立即派上用場的裝飾及表現方法,為設計增添微妙變化,或當作點綴。

DECORATION

078
將文字置入分割成格狀的空間內

這是把頁面分隔成格狀再置入元素的技巧。
利用空間大小的優先順序及配色來整理資料。

AI　CC 2021　CREATOR: Toru Kase

DUMMY MUSEUM

紙面を分割しデザインを考える

２０１８年１２月１５日（水）〜１２月３１日（月）

〒000-0000 東京都某某区某某町某某番某某 0-0-0 / Tel. 03-0000-000 / e-mail: info@dummy-museum / Web: dummy-museum.dam

12時〜20時（祝日：13時〜）

運用底紋的排版手法

「裝飾」可以幫助我們「更清楚地」傳達訊息。善用符合內容的裝飾，可以強調特定內容，顯示資料的優先順序或排序，呈現特定的概念、得到預期的結果。上面的範例把格子當作裝飾，並用來整理資料。在背景底紋組合文字資料，可以讓整體合而為一，利用格狀排版的特性，以具有安定感的穩重氛圍統一整個設計。

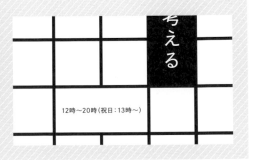

考える

12時〜20時（祝日：13時〜）

1 BASIC

2 TYPOGRAPHY

3 COLOR

4 TITLE & MARK

5 PHOTOGRAPHY

6 DECORATION

01 使用 Illustrator 建立基本格線

在 Illustrator 建立新文件，使用**矩形工具**建立 A4（210×297mm）外框當作完成尺寸。在這個矩形框內，使用**線段區段工具**繪製「**長度：297mm**」的垂直線，設定「**筆畫寬度：2mm**」 **1** **2**，執行『**物件→變形→移動**』命令，設定「**水平：30.333mm**」，按下「**拷貝**」鈕 **3** **4**。

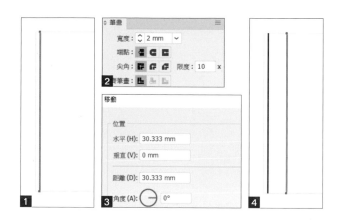

02 線條旋轉 90 度後拷貝，製作成簡單的格子形狀

拷貝垂直線之後，直接按下 Ctrl（⌘）+ D 鍵（或執行『**物件→變形→再次變形**』命令），以相同的間隔，共計拷貝出九條線 **5**。選取所有線條，使用**旋轉工具**設定「**角度：90°**」，按下「**拷貝**」鈕 **6**。

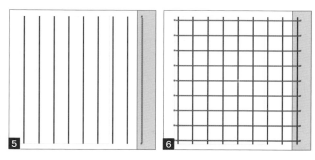

03 製作連接網格的空間，放置資料

將部分網格連接起來，確保放置資料的空間 **7**。選取**矩形工具**，「**填色**」設成**白色**，沿著格狀路徑繪製矩形，此時先執行『**檢視→智慧型參考線**』命令，啟用智慧型參考線會比較方便 **8**。由於格狀直線在「**筆畫寬度：2mm**」的中央有路徑線，所以沿著路徑繪製的矩形會在上下左右分別超出 1mm **9**。取消**變形**面板的「**強制寬高等比例**」，分別將矩形的「**寬 (W)**」與「**高 (H)**」減少 **2mm**，四邊縮小 **1mm** **10** **11**。接著根據資料的先後順序輸入文字內容 **12**。資料的先後順序可以利用空間、文字大小、配色來顯示。圖 **12** 的標題與日期使用了相同的空間大小，為了製造差異，反轉標題部分的顏色 **13**。

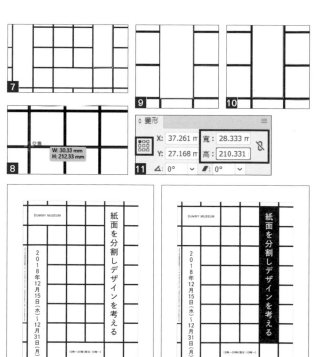

079
用字體當作裝飾的大膽排版技巧

在此把字體當作裝飾元素。由於是裝飾，所以沒有規則，不過本來就是文字，所以要當作能傳達資訊的元素來運用。

Ai CC 2021　CREATOR: Wataru Sano

◈ 基本規則

建立靈感資料庫

這裡要介紹把「文字」當作裝飾來運用的技巧。當然除了本書的範例之外，仍有許多可以當作裝飾表現的元素。平日就開始收集文字、圖畫、框線、外框、圖案、配色、照片、紋理等可以當作素材，或當作裝飾的點子，遇到適合的情況，就能派上用場。除了平面設計之外，平常養成大量瀏覽或體驗可以成為靈感來源的事物也是非常重要的事情。

01 繪製設計完成尺寸用的外框

此範例要製作 B6 大小的活動宣傳單。把宣傳活動概念的主標語當作裝飾放在版面中，製作出能向使用者清楚傳達訊息的設計。開啟 Illustrator，使用**矩形工具**繪製 B6 大小「**寬度：128mm**」、「**高度：182mm**」的矩形 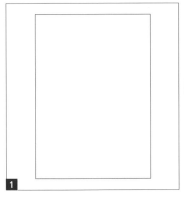 。

02 挑選符合概念的字體並輸入文字

這個設計的概念是「對話」，讓人聯想到較粗的黑體，因此字體選擇了「ゴシック MB101 Bold」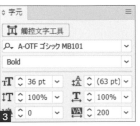。首先以適當大小輸入文字 。

03 在設計框內以滿版方式編排文字

置入主概念文字。以滿版方式配置文字，希望能強烈傳達標語 。接著拷貝＆貼上文字，調整文字的位置，分別超出外框左右兩邊的一半，當作裝飾文字的物件 。接著在超出外框的文字加上遮色片。針對外框路徑按下 Ctrl （⌘）＋ C 鍵及 Ctrl （⌘）＋ F 鍵拷貝＆貼至最前。在選取外框的狀態下，按住 Shift 鍵不放並使用**選取工具**按一下，以選取兩個文字物件，接著按下 Ctrl （⌘）＋ 7 鍵（執行『**物件→剪裁遮色片→製作**』命令），建立剪裁遮色片。由於文字以切成一半的方式分別放在外框兩邊，加上遮色片後，水平排列兩張宣傳單，就能呈現拼出完整文字的巧思 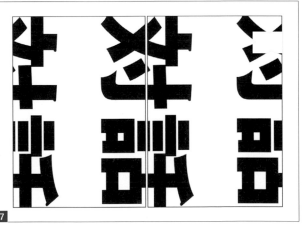。

1 BASIC

2 TYPOGRAPHY

3 COLOR

4 TITLE & MARK

5 PHOTOGRAPHY

6 DECORATION

04 在畫面中央置入主要的
活動資料

將主標語文字切成一半，文字的可讀
性一定會降低。雖然要當作裝飾，但
是本質仍是文字，如果不具可讀性，
未免過於可惜。因此調整大小比例，
盡可能讓文字可以辨識。接著置入活
動的文字資料放在正中央，當作宣傳
單的主要內容，形成被裝飾文字包夾
的狀態。有別於裝飾用文字，活動資
料選擇重視可讀性的明朝體 **8** **9**。

05 加上多個子標語文字
當作裝飾

增加其他裝飾，編排多個當作子標語
的文字。配合「對話」文字的傾斜線
條，調整子標語的角度，或設定成不
同大小，放在各個地方，填入變成一
半的「對話」文字內，製造躍動感 **10**
11。最後決定主色，將外框的**「填色」**
設成深藍色，就完成設計了 **12** **13**。

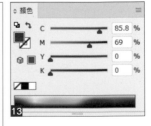

COSMETIC

FESTIVAL

11.16.FRI-11.23.FRI

1 BASIC

2 TYPOGRAPHY

3 COLOR

4 TITLE & MARK

5 PHOTOGRAPHY

6 DECORATION

加入顏料素材製作引人入勝的視覺影像

使用隨意繪製的圖畫完成吸引目光的視覺設計。
布滿各種顏色的素材,將設計作品裝飾得華麗且繽紛。

Ps CC 2021　Ai CC 2021　CREATOR: Malko Ueda

080

01　掃描用顏料或鉛筆 繪製的圖畫

使用掃描器掃描自行繪製的圖畫，當作設計作品的裝飾。此範例要製作美妝品快閃店的視覺影像，希望讓版面與色調在熱鬧之餘，不會顯得過於稚氣。首先使用 Photoshop 開啟掃描後的素材，執行『**影像→調整→色階**』命令，去除掃描時的雜點及紙張顏色 **1** **2**。

02　利用快速遮色片模式編輯 讓素材的背景變透明

按下 [Ctrl]（[⌘]）＋ [A] 鍵，選取所有調整後的影像，再按下 [Ctrl]（[⌘]）＋ [C] 鍵，拷貝之後，建立新圖層，按下工具列的**以快速遮色片模式編輯** **3**，接著按下 [Ctrl]（[⌘]）＋ [V] 鍵 **4**，就可以用遮色片保護繪圖影像，顯示成半透明紅色 **5**。再次按下工具列的**以快速遮色片模式編輯**，取消快速遮色片模式 **6**，沒有被保護的背景部分會建立選取範圍，按下 [Shift] ＋ [Ctrl]（[⌘]）＋ [I] 鍵，反轉選取範圍，用黑色填滿 **7**。

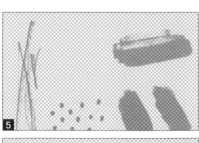

03　在新檔案內編排素材 當作設計的背景

把 A4（210×297mm）當作設計完成尺寸，建立新檔案 **8**。接著用選取範圍包圍剛才以黑色填滿的其中一個素材，以拷貝＆貼上方式置入新檔案內 **9**。在選取置入的素材圖層狀態下，利用**圖層**面板右上方的選單，執行『**轉換為智慧型物件**』命令 **10**。

1 BASIC

2 TYPOGRAPHY

3 COLOR

4 TITLE & MARK

5 PHOTOGRAPHY

6 DECORATION

04 編排其他素材，製作背景

其他素材也同樣利用拷貝＆貼上方式
逐一置入新檔案內，並將圖層轉換為
智慧型物件 **11**。視狀況拷貝各個素材
的圖層，調整大小與角度，以適當的
比例配置，製作出背景。由於各個素
材圖層已經轉換成智慧型物件，經過
縮放後，仍能維持原始畫質。大致編
排完畢，確認呈現出來的氛圍 **12**。

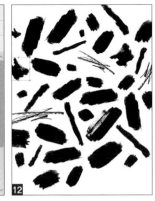

ONE POINT

將影像轉換成智慧型物件後，可以在
保持原始影像資料下，進行縮放、旋
轉、變形等操作。一般而言，縮小或
變形影像（圖左）後再放大，物件的輪
廓就會變模糊（圖中央），如果是智慧
型物件，再次放大仍可以維持畫質（圖
右）。在圖層縮圖雙按滑鼠左鍵，就能
編輯原始影像。

05 利用「圖層樣式」
決定素材的顏色

在**圖層**面板的各個素材圖層上雙按滑
鼠左鍵，開啟**圖層樣式**對話視窗，選
取「**顏色覆蓋**」，加上顏色 **13**。在此
希望呈現沉穩的色調，因此用四種低
飽和度的顏色統一整個設計風格 **14**。
用色分別為藍色「C：80 M：62
Y：15」、綠色「C：81 M：35
Y：73」、粉紅色「C：25 M：62」、
黃色「C：29 M：30 Y：59」。另外，
按住 Alt （ Option ）鍵不放，把圖層
面板上的「fx」標誌或圖層樣式項目拖
曳到其他圖層，就能拷貝圖層樣式。
比起從頭開始操作，利用這種方法能
更快速地完成同色素材的設定 **15**。

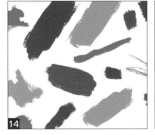

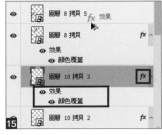

06 在 Illustrator 輸入文字
　 並居中對齊版面

當背景呈現出大致的氛圍後，暫時切換到 Illustrator 進行文字排版。建立和背景一樣大小的 A4 新檔案，排列需要的元素 16。這裡置入了「標題」、「日期」、「LOGO」。由於背景的裝飾很豐富，所以文字周圍希望呈現出簡約洗練的效果。調整字體大小與粗細，為各個元素加上強弱對比，增加黑框，突顯標題 17。字體選擇「Gotham Bold」（標題部分）18。最後選取全部的元素，按下**對齊**面板右上方的選單，執行『**顯示選項**』命令，接著在右下方的選項選單中，執行『**對齊工作區域**』命令，並按下「**水平居中**」，左右居中對齊 19。

07 合成背景與文字，
　 調整位置完成設計

完成文字排版後，先儲存檔案。為了確認文字與背景的搭配狀態與位置是否適當，將文字放在 Photoshop 製作的背景最上方 20，接著把文字圖層設為「**混合模式：色彩增值**」，與背景融合。但是這樣背景素材會與文字重疊，部分文字會變得難以閱讀 21，因此個別調整位置。完成操作之後，因為不再需要文字圖層，所以刪除。接著執行『**影像→版面尺寸**』命令，「**錨點**」設定在中央，分別修改「**寬度**」與「**高度**」的數值，增加 6mm，往上下左右擴大版面 22。最後要在 Illustrator 完成設計，因此再次開啟步驟 **05** 儲存的文字排版檔案，把背景影像放置在最下層就完成了 23。

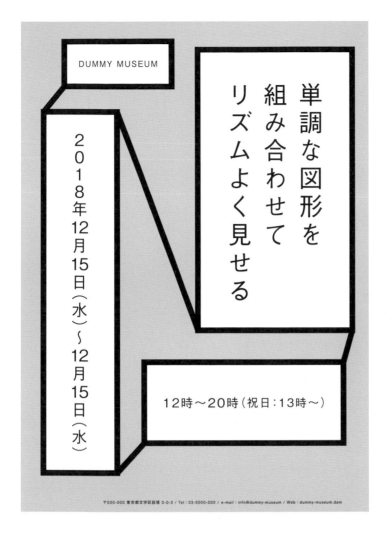

DUMMY MUSEUM

単調な図形を組み合わせてリズムよく見せる

2018年12月15日（水）〜12月15日（水）

12時〜20時（祝日：13時〜）

〒000-000 東京都文字区段落 0-0-0 / Tel：03-0000-000 / e-mail：info@dummy-museum / Web：dummy-museum.dam

1 BASIC

2 TYPOGRAPHY

3 COLOR

4 TITLE & MARK

5 PHOTOGRAPHY

6 DECORATION

081
連接圖形與文字區塊，呈現良好的律動感

用線條連接組合文字內容與簡單圖形的元素，製作出具有躍動感的視覺設計。

Ai CC 2021　CREATOR: Toru Kase

♦ 基本規則

利用大小不一的律動展現栩栩如生的視覺效果

這是將文字資料置於多個簡單的四邊形內，再用線條連接，形成網路圖的創意。運用大小差異呈現資料的優先順序，再加上用線條連接各個區塊，不僅能顯示資料的關聯性，也能營造出空間感。提到裝飾，容易以為是華麗的元素，其實只要像這樣，簡單呈現有意義的大小律動感及有深度的視覺影像，也能吸引目光。

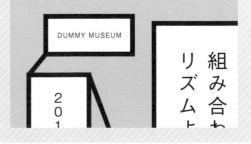

01 準備文字元素，依照優先順序設定大小並加上外框

此範例要製作 B5 大小的活動通知。首先，在 Illustrator 建立新文件，使用**矩形工具**建立 B5 大小（寬度 182 × 高度 257cm）的外框 **1 2**。使用**文字工具**輸入必要的文字資料，並清楚顯示優先順序 **3**。這次的順序是「活動標題」、「活動日期」、「活動開始的時間」、「會場及主辦單位名稱」、「所在地、電話、URL 等」。接著，建立幾個組合各個文字元素的矩形路徑 **4**。決定矩形大小時，要根據物件的大小關係顯示文字的比重。每個矩形設定為「**筆畫寬度：3mm**」，以清楚的粗細統一各個矩形 **5**。

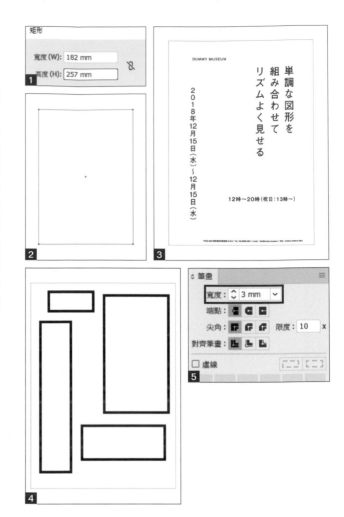

02 使用「鋼筆工具」繪製連接各個物件的直線

在此要使用直線路徑連接矩形的邊角，加強各個物件的關聯性 **6**。使用**線段區段工具**從起點拖曳到終點，或使用**鋼筆工具**按一下起點與終點，繪製線條。按下 Ctrl （⌘）+ U 鍵（或執行『**檢視→智慧型參考線**』命令），先開啟智慧型參考線的功能，就能輕鬆連接邊角 **7**。只要根據意義及比例，在必要的位置繪製連接線，不用連接所有的邊角。

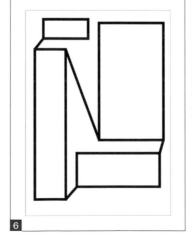

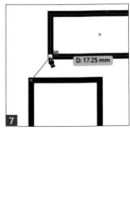

03　分別在矩形框內輸入文字

完成外框之後，分別在框線內輸入文字。使用**對齊**面板就能輕易讓文字居中對齊矩形框的中央。首先按住 Shift 鍵不放並選取文字與矩形框 **8**，放開 Shift 鍵之後，再次按一下矩形框物件。這樣顯示選取矩形框的線條會變粗 **9**，代表成為關鍵物件，按下**對齊**面板的「**對齊物件：水平居中**」與「**對齊物件：垂直居中**」，讓物件居中對齊 **10** **11**。如果沒有把矩形框設定為關鍵物件就套用對齊，文字與矩形框都會移動 **12** **13**。像這次已經先決定好矩形框位置的情況，請利用關鍵物件完成設定 **14**。

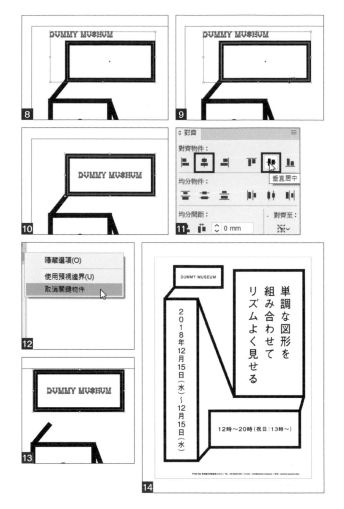

04　排版完畢進行配色即完成

最後進行配色，完成設計。這裡將矩形框設定為**白色**，背景設定為淺灰色「**K：20**」，完成襯托文字的黑框與線條的配色 **15** **16**。

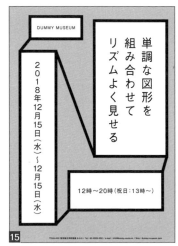

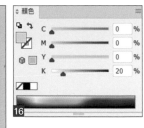

1 BASIC

2 TYPOGRAPHY

3 COLOR

4 TITLE & MARK

5 PHOTOGRAPHY

6 DECORATION

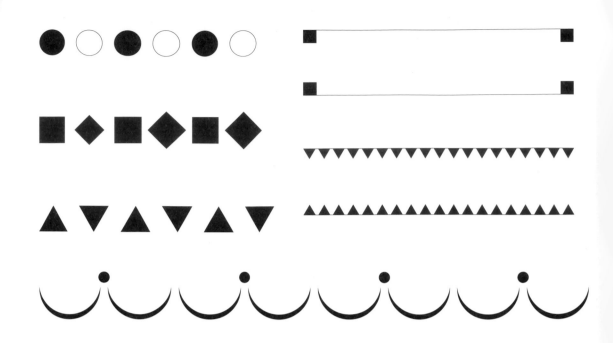

組合圖形製作裝飾元素

利用連續、重疊、減去上層等組合圖形的方法，
可以製作出大量裝飾。

Ai CC 2021　CREATOR: Wataru Sano

082

💎 **基本規則**

運用圖形變化

「希望自然強調一個重點」、「想利用簡單的
處理方式獨樹一格」等，有時我們會遇到希
望按照時間、預算、設計的目的及內容等條
件，「展現一點巧思」的情況。先準備好能
用簡單圖形變化出來的創意，面對這種情況
時，就能立刻派上用場。若有餘力增加靈感
資料庫，也可以先製作能運用在各種場合的
通用裝飾物件。

01 利用正方形、正圓形、正三角形製作裝飾物件

在 Illustrator 準備正方形、正圓形、正三角形等三個圖形，當作製作裝飾物件的基本元素 **1**。接著要利用這些元素衍生出各種變化。

02 排列圖形並改變角度及配色

以相同距離排列圖形 **2**，光這樣就足以成為裝飾。接著穿插調整圖形 **3**。圖 **3** 是以穿插方式把黑色圓形改成白色圓形，正方形則穿插傾斜 45 度。此時，傾斜後的物件會顯得比較大，因此利用**縮放工具**縮小一點 **4** **5**。另外，先選擇一個三角形，使用**鏡射工具**設定「**座標軸：水平**」、「**角度：0°**」，顛倒物件 **6**。與單純等距排列物件時相比，產生了律動感，增加了裝飾性。

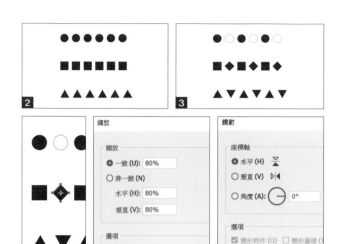

03 搭配細直線製作出裝飾框

在圖形加上直線，調整大小比例，會變成截然不同的裝飾。這裡把先前的圖形與「**筆畫寬度：3pt**」左右的直線組合在一起，製作成裝飾框 **7**。利用配置方法也能製作出各式各樣的變化，例如把圖形放置在左右兩端，或以狹窄的間距連續排列，或只放在左邊或右邊。

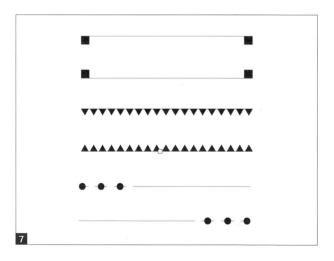

04 重疊多個圖形增加形狀

這次要重疊多個圖形，利用形狀的加法或減法，製作出裝飾物件。準備兩個大小不同的圓形 **8**，重疊在一起 **9**。

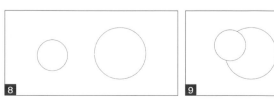

1 BASIC

2 TYPOGRAPHY

3 COLOR

4 TITLE & MARK

5 PHOTOGRAPHY

6 DECORATION

05 利用減去上層或聯集 將圓形製作成裝飾物件

選取上個步驟重疊的兩個圓形，按下**路徑管理員**面板的「**減去上層**」鈕 10，就會利用重疊在左上方的圓形挖剪下層的圓形，形成上弦月形狀 11。不同圓形大小及疊法能製作出各種弦月 12 13。圖 14 是上下錯開疊放圓形，減去上層後，變成細拱形 15。

利用**鏡射工具**反轉這種拱形，再組合小圓形，能變成裝飾框 16。另外，圖 17 是按住 Shift + Alt（Option）鍵不放並拖曳圓形，往水平重疊拷貝，然後連續按下 Ctrl（⌘）+ D 鍵，等距拷貝出幾個圓形 17。接著，選取所有物件，按下**路徑管理員**面板的「**聯集**」鈕 18，變成一個橫長型物件 19。使用**直接選取工具**選取上邊以外的部分，然後刪除，留下來的上邊就可以當作波浪裝飾線使用 20。

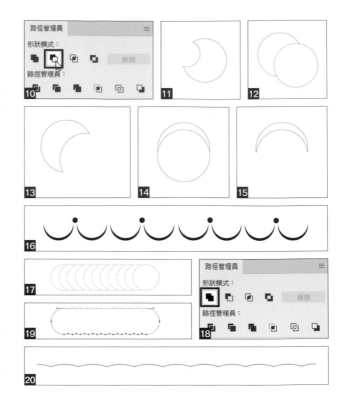

06 試著編輯正方形與三角形

試著重疊兩個正方形 21，將前面的正方形旋轉 45 度。在這個狀態下，按下**路徑管理員**面板的「**減去上層**」鈕，剩下的四個邊角就能用來當作圍繞文字的裝飾 22。準備兩個正三角形，水平排列這兩個三角形，如圖 23 所示，然後使用**直接選取工具**延伸其中一個三角形的頂點，對齊兩個三角形的左邊垂直邊，按下「**減去上層**」鈕，就能製作成強而有力的箭頭形狀 24。此外，組合不同圖形也能製作出裝飾物件。圖 25 是對三角形與矩形按下**路徑管理員**面板的「**聯集**」鈕，製作成箭頭 26。像這樣組合簡單的形狀，就能完成豐富多元的物件，請務必試試看。

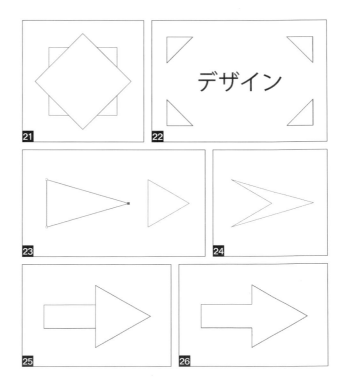

小さな図形を並べ
あしらいを作る

2018年12月15日（水）～12月31日（月）

12時～20時（祝日：13時～）

DUMMY MUSEUM
〒000-000 東京都文字区段落０-０-０ / Tel：03-0000-000 / e-mail：info@dummy-museum / Web：dummy-museum.dam

排列小圖形製作成裝飾

利用逐漸放大的圓點裝飾圍繞文字資料，
提升頁面的密度與豐富性。

Ai CC 2021　CREATOR: Toru Kase

083

1 BASIC

2 TYPOGRAPHY

3 COLOR

4 TITLE & MARK

5 PHOTOGRAPHY

6 DECORATION

01 排列必要的文字並建立 包圍內容的外框

此範例要製作 B5 大小的展覽通知。在 Illustrator 建立新文件，使用**矩形工具**繪製當作完成尺寸的 B5（寬度 182 × 高度 257mm）外框，中央輸入需要的文字。這裡依序輸入「活動名稱」、「日期與時間」、「主辦單位與會場」等文字資料，按照優先順序排版 **1**。接著繪製包圍文字資料的框線 **2**，往內縮小 20mm，設定「**寬度：162mm**」、「**高度：237mm**」，對齊 B5 的外框與中心 **3**，「**筆畫寬度**」設定成較粗的 9mm **4**。

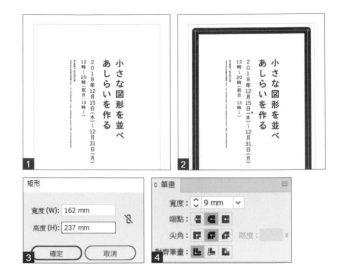

ONE POINT

想繪製對齊設計外框與中心的內框時，使用**矩形工具**按住 Alt（Option）鍵不放並按一下外框的中心（或拖曳），通常可以繪製以中央為起點，往外擴大的矩形。執行『**檢視→智慧型參考線**』命令，開啟智慧型參考線，就會顯示出外框的中心點，操作起來比較方便。

02 把包圍文字資料的外框變 成以小圓形排成的虛線

選取包圍文字資料的矩形框，在**筆畫**面板中，勾選「**虛線**」，設定「**間隔：20mm**」，粗外框會變成由小圓形組成的狀態 **5 6**。此時，筆畫面板的「**虛線**」項目右側有兩個按鈕，請選擇右邊的「**將虛線對齊到尖角和路徑終點，並調整最適長度**」**7**。如果選擇左邊的按鈕，會精確保持設定數值的間隔 20mm，假如沒有事先算好外框大小與虛線的間隔，邊角的圓點位置可能會跑掉 **8**。

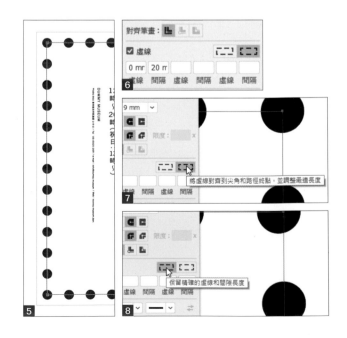

03 在內側繪製框線並且一樣變成虛線

按照相同步驟在內側繪製矩形路徑 **9**，大小為：寬度 141× 高度 215.5mm。「**筆畫寬度**」比前面窄，設為「**7mm**」，「**虛線**」也稍微變窄，設定為「**間隔：18mm**」 **10** **11**。

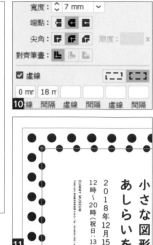

04 繼續往內側增加更小的圓形外框

一邊將框線變窄，一邊增加裝飾。依照前面的步驟，繪製矩形框 **12**，再設定成虛線 **13**。框線大小為：寬度 122 × 高度 197mm，設定「**筆畫寬度：5mm**」，「**虛線**」設定為「**間隔：16mm**」，分別縮小 2mm。

05 設定符合概念的配色完成設計

完成裝飾後，最後加上色彩。這個範例使用了三種色相不同的顏色，完成繽紛的配色 **14** **15** **16**。外側較大的圓形框設定成鮮豔的紅色，引人注意，往中央主要內容逐漸縮小的圓形內框設定為統一色調的綠色與藍色 **17**。

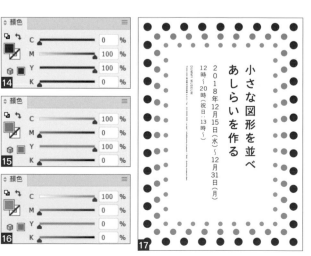

使用花朵線圖的
優雅裝飾圖樣

製作簡單的圖樣並運用在設計上。
在整個頁面搭配花朵圖案，並利用黑白配色呈現優雅風格。

084

Ai CC 2021　CREATOR: Malko Ueda

💎 **基本規則**

使用了線稿的「美麗」裝飾

簡單、有時尚感的美麗＆優雅設計不僅低調
而且有品味，是需求最多的風格之一。如果
要表現這種氛圍，線稿與黑白色調的組合最
適合。這個範例是由商品內容中，製作出把
玫瑰花當作圖案的線稿裝飾元素。只用圓形
就能完成的簡單花朵也是詮釋美麗＆優雅風
格的關鍵。

01 組合圓形路徑製作成
花朵圖案

此範例要設計玫瑰花香的蠟燭包裝，在整個版面搭配花朵圖案，這次只製作包裝的正面。首先使用 Illustrator 建立「**寬度／高度：100mm**」的新文件 **1**。完成準備工作後，用**橢圓形工具**繪製兩個直徑 18mm 的正圓形往垂直方向對齊，把其中一個圓形的上邊或下邊錨點重疊在另一個圓形的上邊或下邊錨點 **2**。在**筆畫**面板中，把兩個圓形設為「**筆畫寬度：1pt**」、「**對齊筆畫：筆畫內側對齊**」**3**。接著選取所有的圓形，執行『**物件→變形→旋轉**』命令，設定「**角度：90°**」，按下「**拷貝**」鈕 **4**。就會製作出花朵圖案 **5**。

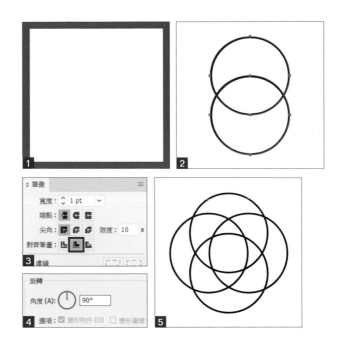

02 用「剪刀工具」裁切圓弧
形狀，製作成花莖的部分

使用**橢圓形工具**繪製直徑 36mm 的正圓形 **6**，利用**剪刀工具**按一下右邊及下方的錨點，切斷路徑 **7 8**，然後用**旋轉工具**旋轉「**45°**」，把花莖的上端移到花朵圖案的正中央 **9**。之後在花瓣的卜端與花莖使用**鋼筆工具**增加錨點 **10**。利用**直接選取工具**選取比這個錨點還上面的路徑，然後刪除。這樣就完成花朵與花莖的組合了。檢視整體比例，調整筆畫粗細，這個範例設定成「**筆畫寬度：3pt**」**11**。

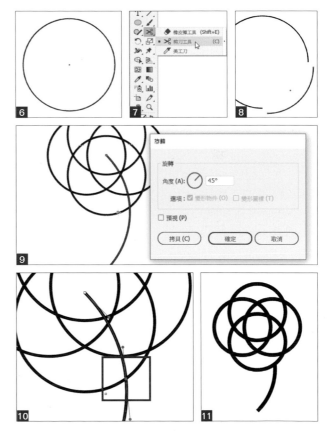

1 BASIC
2 TYPOGRAPHY
3 COLOR
4 TITLE & MARK
5 PHOTOGRAPHY
6 DECORATION

03 將完成的花朵線稿 製作成圖樣

此步驟的重點：以花朵圖案為基礎，製作出裝飾圖樣。目前的花朵圖案如果要填入設計完成尺寸有點太大，因此利用**縮放工具**，勾選「**縮放筆畫和效果**」，「**縮放**」設定為「**一致：60%**」，縮小圖案 **12**。在**對齊**面板中，按下「**對齊工作區域**」，再按下「**水平居中**」與「**垂直居中**」，花朵圖案就會置於版面的中央 **13** **14**。接著按下 Ctrl（⌘）＋ O 鍵，在畫面中央顯示整個工作區域，選取花朵圖案，執行『**物件→圖樣→製作**』命令，建立新圖樣。在**圖樣選項**對話視窗內輸入設定 **15**，確認預視狀態，調整圖案的間隔 **16**。雖然不見得非得先把圖案置中，但是先讓編輯中的圖樣顯示在工作區域的中央，比較容易想像圖樣的大小與密度。完成設定後，按下畫面上方的「**完成**」鈕 **17**，就會在**色票**面板中，儲存成新圖樣 **18**。

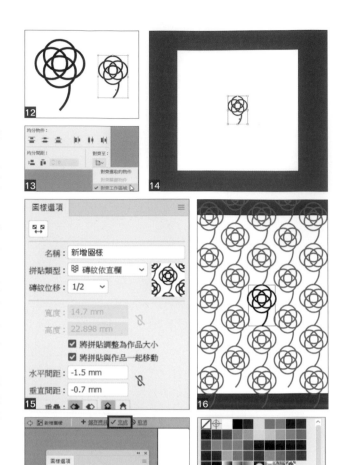

04 建立設計完成尺寸框，套用花朵圖樣

使用**矩形工具**建立和工作區域一樣大的 100mm 正方形，「**填色**」設定成花朵圖樣 **19** **20**。假如圖樣的位置偏離目標區域時，請選取矩形，在工具列的**選取工具**上雙按滑鼠左鍵，開啟**移動**對話視窗，勾選「**變形圖樣**」，設定「**水平**」與「**垂直**」的移動距離，就能在維持正方形外框的狀態下，只調整圖樣的位置 **21**。

1 BASIC

2 TYPOGRAPHY

3 COLOR

4 TITLE & MARK

5 PHOTOGRAPHY

6 DECORATION

05 決定圖樣的位置後，置入其他元素

在工作區域內以適當的比例置入圖樣後，就完成背景設計了 。接著在底下建立黑色色塊，置入包裝需要的文字元素。建立直徑為 55mm 的正方形，「填色」設定為黑色，放在工作區域的中心 。

06 在正方形轉角加上凹槽製造變化

用直接選取工具選取黑色正方形 ，再點選控制面板的「轉角」，設定「尖角：凹槽」、「半徑：4mm」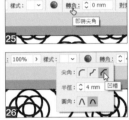 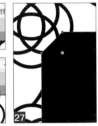。處理轉角，讓簡單的圖形產生變化 27。

07 利用位移複製功能在內側增加白色裝飾線

選取步驟 06 的轉角路徑，執行『物件→路徑→位移複製』命令，設定「位移：-2mm」，這樣就能在內側增加小一點的八角形。將八角形的「填色」設為「無」，「筆畫」設為白色，變成白色的裝飾線 29 。

08 以黑色色塊為背景，編排白色文字完成設計

黑色背景製作完畢後，在內側編排文字 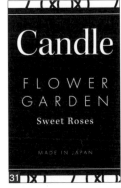，調整整個設計，這樣就完成了 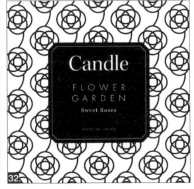。字體選擇輕盈且帶有些許弧度的「Kepler Std」與「Futura PT Light」。

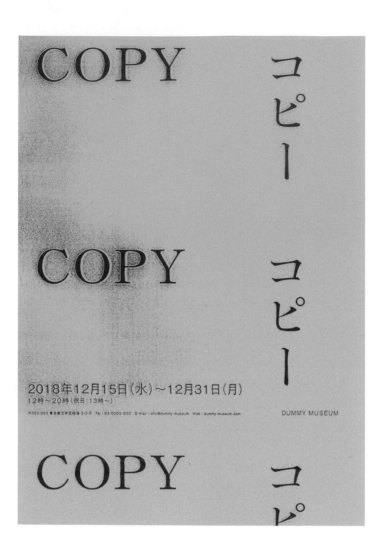

DUMMY MUSEUM

085
運用反覆使用影印機所產生的雜訊來做設計

列印設計資料後，再反覆使用影印機影印，把隨機產生的雜訊及歪斜當作一種效果，發揮在設計上。

Ps CC 2021　Ai CC 2021
CREATOR: Toru Kase

◆ 基本規則

製作「刻意污損」的紋理

使用影印機反覆影印，受到紙張顏色的影響，會逐漸出現不規則的雜訊、歪斜、顏色不均、擦痕等情況。把這種粗糙紋理運用在設計上，能用來表現「刻意污損」的效果，加上摺痕還能產生真實感。這個範例是把影印機產生的質感發揮在「影印」活動的設計作品上。

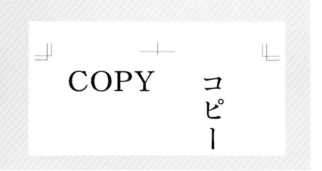

01　使用 Illustrator 建立基本的設計資料

此範例要製作以「影印」為主題的虛構活動視覺設計，使用 Illustrator 建立設計資料 **1**。設計資料中含有後續方便編修的出血標記，先建立矩形路徑當作設計外框，接著執行『**效果→裁切標記**』命令，就能加上出血 **2 3**。

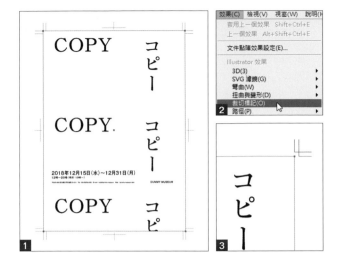

02　列印設計，並反覆使用影印機影印

列印設計原稿，然後反覆利用影印機影印，就會逐漸產生雜訊及字體歪斜等效果 **4 5**。

03　掃描影印紙，匯入 Photoshop 並調整影像

產生適當的質感之後，停止影印，掃描後用 Photoshop 開啟檔案，執行『**影像→模式→灰階**』命令，轉換成灰階影像，接著執行『**影像→調整**』命令，調整**亮度與對比 6 7**。完成後先儲存檔案，當作設計原稿。

04 在 Illustrator 置入影像 並加上基礎色

在 Illustrator 建立新文件，置入調整完畢的影像。接著使用**矩形工具**建立設計完成尺寸（例如為 A5）的外框，對齊影像的出血與位置後，同時選取兩者，按下 `Ctrl`（`⌘`）+ `7` 鍵（或是執行『**物件→剪裁遮色片→製作**』命令），隱藏多餘的部分。將物件的「**填色**」設為紅色「M：100 Y：100」。圖 **8** 是同時選取兩者的狀態，圖 **9** 是套用了遮色片並完成上色後的狀態。

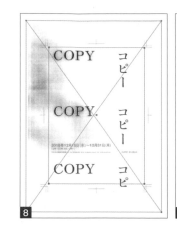

ONE POINT

在 Photoshop 轉換成「灰階」模式，執行『**圖層→影像平面化**』命令，就會變成只有背景圖層的影像，把這種影像置入 Illustrator 的工作區域時，就能設定「填色」。

---

05 合成顏色，進行設計處理

最後，設定整體的顏色。在和設計框一樣的位置，建立相同尺寸的矩形路徑，並重疊在上層，將「**填色**」設成亮綠色「C：30 Y：100」**10**。在**透明度**面板設定「**漸變模式：明度**」，就會按照綠色的明亮度讓文字變淺，並在背景加上略深的顏色 **11** **12**。但是這樣文字的周圍太淺，所以拷貝影像的剪裁群組，移動到最上層 **13**，和綠色色塊一樣，設定「**漸變模式：明度**」後就完成了 **14**。

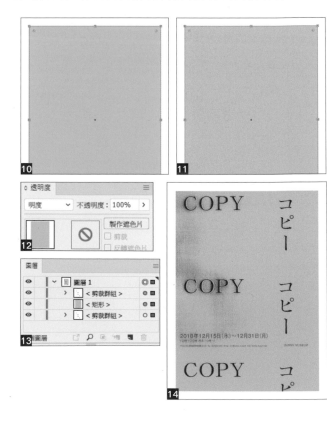

1 BASIC

2 TYPOGRAPHY

3 COLOR

4 TITLE & MARK

5 PHOTOGRAPHY

6 DECORATION

086
延用 LOGO 標誌的設計 當作背景圖樣

一般 LOGO 是由 LOGO 標誌與標準字組成，此範例要把 LOGO 標誌變成背景圖樣，當作設計的裝飾。

`Ai` CC 2021　CREATOR&PHOTO: Wataru Sano

💎 基本規則

把 LOGO 標誌當作裝飾

重複顯示同一圖案的「圖樣」裝飾具有規律性，能展現舒適的律動感，為設計增添豐富性。此範例把代表商店門面的「LOGO 標誌」變成圖樣，製作成背景裝飾。利用華麗的圖樣及顏色襯托 LOGO 這個主角，同時以具有一致性的形象不著痕跡地深入傳達商店的標誌。試著找出與主要元素契合的裝飾點子，可以發揮相輔相成的效果。

01 取出並拷貝 LOGO 標誌，排列成正方形

此範例要從含有餐廳 LOGO 的設計中 **1**，取出 LOGO 標誌的部分 **2**。為了把 LOGO 標誌當作背景圖樣覆蓋在整個設計中，要先製作圖樣的原始物件。在 Illustrator 拷貝四個 LOGO 標誌，其中兩個旋轉 90 度，排列成剛好形成直徑為 18mm 的正方形 **3**。

02 物件旋轉 45 度再等距拷貝物件

接著要製作以相同間隔填滿物件的圖樣。選取 LOGO 標誌物件，使用**旋轉工具**旋轉 45 度 **4**，接著執行『**物件→變形→移動**』命令，在「**水平**」輸入數值，按下「**拷貝**」鈕，往水平方向移動拷貝物件 **5** **6**。移動的距離設成與排列四個 LOGO 標誌時，保留的距離大致相同。之後，選取拷貝出來的物件，連續按下 Ctrl (⌘) + D 鍵，以相同間隔反覆拷貝物件 **7**。增加橫欄之後，選取全部的物件，套用「移動」設定。這次要在「**垂直**」輸入數值，往垂直方向拷貝物件 **8** **9**。完成之後，再次選取所有物件，執行『**物件→變形→移動**』命令，分別在「**水平**」與「**垂直**」輸入 1/2 的數值，按下「**拷貝**」鈕，這樣就完成使用了 LOGO 標誌的圖樣 **10**。選取所有物件，執行『**物件→組成群組**』命令，先建立群組 **11**。

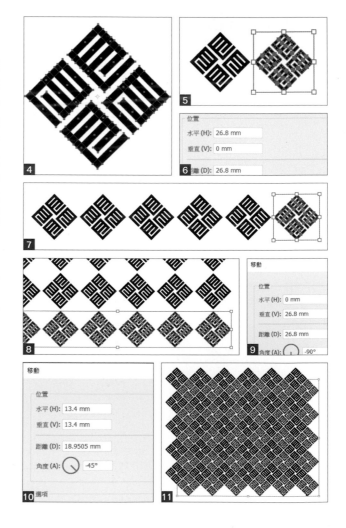

1 BASIC

2 TYPOGRAPHY

3 COLOR

4 TITLE & MARK

5 PHOTOGRAPHY

6 DECORATION

ONE POINT

你也可以先垂直、水平排列物件（圖左）再統一旋轉 45 度（圖右）。但是，旋轉之後，很難預測等距的移動距離，如果想擴大面積，必須先還原角度，或使用「**移動**」以外的方法拷貝物件會比較快。請先建立較大的區域，讓垂直水平的尺寸能有足夠的使用面積。

03　在設計背景覆蓋圖樣　　並調整大小

完成的 LOGO 標誌圖樣會當成設計的背景，所以在上層建立完成尺寸框。這次以名片大小 55×91mm 當作完成尺寸，因此使用**矩形工具**建立矩形路徑 **12**。之後選取外框路徑與圖樣，按下 [Ctrl]（[⌘]）＋ [7] 鍵（或執行『**物件→剪裁遮色片→製作**』命令），加上完成尺寸的遮色片 **13**。檢視整體比例，略微縮小圖樣，淡化 LOGO 標誌的印象 **14**。希望讓觀看者能將其當成「背景圖樣」，與設計融合，而不是辨識為「LOGO 標誌」。

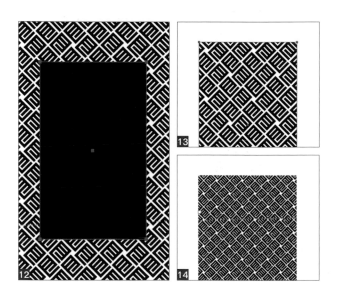

04　置入 LOGO，為背景與　　圖樣上色即完成

在和設計框相同的位置建立一樣大小的矩形路徑，「**填色**」設定為橘色「M：54.9 Y：62」，並將置於上面的主要 LOGO 設為白色 **15**。按下 [Shift]＋[Ctrl]（[⌘]）＋ [[] 鍵（或執行『**物件→排列順序→移至最後**』命令），傳送到最下層，將圖樣的「**填色**」設定成深橘色「M：82.7 Y：93.3」，用同色系融合，完成設計作品 **16**。

087
運用拼貼 影像展現 裝飾效果

拼貼照片與文字，製作出類似相簿的視覺影像。統一用色原則，就能完成一致的拼貼風格。

Ps CC 2021　**Ai** CC 2021

CREATOR: Malko Ueda

文字引用：「Travel」『Wikipedia, the free encyclopedia』
2018 年 10 月 2 日（二）10:20 UTC、
URL：https://en.wikipedia.org/wiki/Travel

💎 基本規則

設計作品使用的拼貼技法

「拼貼」是貼上照片、文字、插圖等素材，製作成作品。近年來使用智慧型手機的 App，就能享受數位拼貼的樂趣。這個範例是在人像照加上裝飾，這種拼貼是非常平易近人的效果，也容易被大眾接受。若要運用在設計作品上，即使資料繁雜，仍必須整理歸納，正確傳達整理後的資料。請根據資料的優先順序，評估強弱對比與配色原則。

01 準備要拼貼的影像並使用 Photoshop 合成

在 Photoshop 建立新檔案，大致擺放要拼貼的照片 。將主要的人像照片去背，製造出隨興的氛圍，在前後放置風景與植物的照片。此外，把所有拼貼影像放在新圖層後，先利用圖層面板執行『轉換為智慧型物件』命令，即使經過編修，仍能保留原始影像。如果每張影像的強度一樣，就會顯得雜亂，所以把牆壁照片當作色塊置入並進行裁切 。同時檢視整體比例剪裁各張照片，調整配置。這個步驟要建立包圍影像必要部分的選取範圍，在圖層面板中，按下增加圖層遮色片鈕 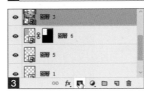。

02 調整人像照的色調，加上雜訊營造質感

接著要調整人像部分。這次希望以灰階呈現人像照，因此執行『影像→調整→黑白』命令，降低飽和度，利用「亮度 / 對比」調整明暗。再執行『濾鏡→雜訊→增加雜訊』命令，加上黑白底片的顆粒感，然後執行『濾鏡→銳利化→銳利化』命令，讓影像變得比較銳利  7 8 。另外，塗抹大致裁剪人像後的圖層遮色片黑色部分，稍微縮小留白 。疊在人像臉部的元素是筆觸影像素材 10 ，放置在人像圖層的上層，執行『圖層→圖層樣式→顏色覆蓋』命令後的結果 11 。這次把置入的粉紅色與水藍色牆面當作基礎色，所以此素材也設定成水藍色。

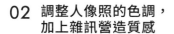

1 BASIC

2 TYPOGRAPHY

3 COLOR

4 TITLE & MARK

5 PHOTOGRAPHY

6 DECORATION

03 準備拍立得照片 並掃描合成影像

將人像去背後，對右側的風景及藍色牆面照片執行『影像→調整→色階』命令，略微調亮。圖 12 是完成操作後的狀態。接著準備掃描拍立得照片的影像，進行合成 13。裁剪拍立得照片時，要連含有相紙陰影的白色背景一起保留下來。這裡要刪除白色背景，只使用陰影部分，因此先將圖層設定為「混合模式：色彩增值」14，接著拷貝圖層，恢復成「混合模式：正常」，再用筆型工具建立相紙部分的選取範圍，按下圖層面板的增加圖層遮色片鈕，用遮色片隱藏所有留白 15。此外，圖 15 是隱藏下層色彩增值圖層後的狀態，顯示之後，就會出現透明的陰影 16 17，完成拍立得照片的合成步驟。

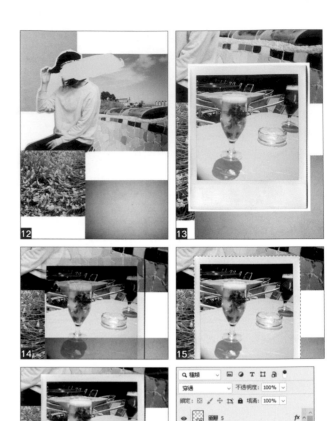

04 準備閃閃發亮的亮粉片

掃描閃閃發亮的亮粉片，匯入影像，放在拼貼作品的最上層 18。剪裁影像，製作出貼上貼紙的效果。選取自訂形狀工具 19，在控制面板選取「檢色工具模式：形狀」、「形狀：紅心紙牌」20 21。按住 Shift 鍵不放在亮粉片上繪製心形 22。

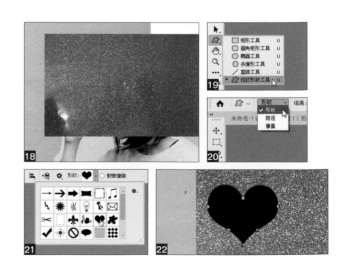

05 將亮粉片剪裁成心形並調整顏色

使用**自訂形狀工具**的形狀模式繪製心形後，就會在亮粉片上層建立形狀圖層 **23**。按下 Ctrl (⌘) + C 鍵，拷貝心形，然後選取亮粉片圖層，按下 Ctrl (⌘) + V 鍵貼上，就會在圖層縮圖的右側顯示向量遮片縮圖，在圖層上的物件會按照路徑形狀被隱藏起來 **24**，這樣就能將亮粉片影像剪裁成心形，變成亮粉貼紙 **25**。由於已經不需要這個形狀圖層，所以可以刪除。接著要決定色調。執行『**影像→調整→色相／飽和度**』命令，變成藍色 **26**，再利用「**色階**」調亮影像 **27** **28**。

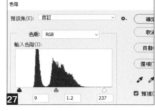

06 製作不同顏色的貼紙並進行排版

依照相同步驟，製作幾個心形亮粉貼紙素材，裝飾版面。調整前面的「**色相／飽和度**」及「**色階**」的設定值，製作出粉紅色的貼紙 **29** **30**。圖 **31** 是置入亮粉貼紙後的完成狀態，圖 **32** 是圖層面板的狀態。在此置入兩個藍色心形及一個粉紅色心形。在這個階段於畫面右下方的藍色區域增加了粉紅色筆觸素材，加上重點，製作步驟和藍色筆觸素材一樣。裝飾素材的顏色統一使用基礎色的粉紅色與藍色。

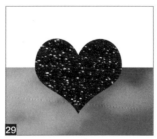

1 BASIC

2 TYPOGRAPHY

3 COLOR

4 TITLE & MARK

5 PHOTOGRAPHY

6 DECORATION

07 將文字放在書籤素材上進行拼貼

準備去背後的書籤照片 **33**，放在拼貼的最上層。和前面的影像一樣，先利用圖層面板，執行『轉換為智慧型物件』命令，再調整角度及大小 **34**。完成後，在上面輸入文字。字體選擇「Felt Tip Woman」，文字顏色配合書籤繩設定為粉紅色 **35**。

08 穿插不同字體編排文字完成作品

在書籤下方輸入文字，製作出如同貼上「印有文字的白色膠帶」般的效果 **36**，字體選擇「Minion Pro」，在輸入文字下層建立新圖層，製作白色背景。其他文字元素選擇手寫體「Emily Austin」**37** 與羅馬體「Didot」**38** 等不同字體，改變配置角度，完成熱鬧的版面設計 **39**。

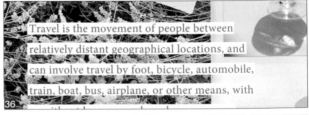

1 BASIC

2 TYPOGRAPHY

3 COLOR

4 TITLE & MARK

5 PHOTOGRAPHY

6 DECORATION

Graphic presents 「グラフイク」

昨年末に開催したワンマンツアー「NEW DESIGN」に続いて、今年も新たな企画「グラフイク」を始動。東京、名古屋、京都の三都市で開催する記念すべき第1回は、Graphic の音楽性の幅の広さを示すゲイトを迎えて開催。

KYOTO

2017.6.10(sat) @ AAAAAAAA
open 18:00 / start 18:30
adv 3800yen

チケット：
チケットデザイン
(0570-000-000/R コード：00000)

Live：Polaris

デザインタロウ (Vocal/Guitar)
山田太郎 (Bass)
鈴木太郎 (Drums)

Guest：DDDDDD

GGGGGG
600-8459
京都市下京区松原通油小路東入ル
天神前町 327-2
Tel：075-000-0000
www.gggggg.com

NAGOYA

2017.6.17(sat) @ BBBBBB
open 18:00 / start 18:30
adv 3800yen

チケット：
チケットデザイン
(0570-000-000/R コード：00000)

Live：Polaris

デザインタロウ (Vocal/Guitar)
山田太郎 (Bass)
鈴木太郎 (Drums

Guest：EEEEEE

HHHHHH
〒464-0850
名古屋市南区松原通油小路東入ル
天神前町 327-2
TEL：052-000-0000
www.hhhhhh.com

TOKYO

2017.6.23(fri) @ CCCCCC
open 18:15 / start 19:00
adv 3800yen

チケット：
チケットデザイン
(0570-000-000/R コード：00000)

Live：Polaris

デザインタロウ (Vocal/Guitar)
山田太郎 (Bass)
鈴木太郎 (Drums

Guest：FFFFFF

IIIIII
〒150-0042
東京都東京区松原通油小路東入ル
天神前町 327-2
Tel：03-0000-0000
www-iiiiii.j

東京、名古屋、京都の三都市で開催　http://graphic-ccc.com

088
組合線條與文字，增加裝飾效果

利用「線條」區隔資料或裝飾重點部分，設計活動通知單。

AI CC 2021　CREATOR: Wataru Sano

◆ 基本規則

運用「線條」

設計時，線條是非常重要的元素。利用線條可以分割、整理資料。此外，畫線、加框等手法也能增加重點，強調內容。然而，線條有許多呈現方法，例如粗細、長短、線條數量、有無裝飾等。請先釐清目的，找出效果更好的線條裝飾。

01 在 Illustrator 輸入設計所需的文字

此範例要製作 B6 大小（128×182mm）的虛構活動設計。使用 Illustrator 建立新文件，繪製 B6 大小的矩形框，輸入設計所需文字 **1**。資料只有文字元素，包括「活動名稱」、「活動簡介（主要文字）」、「日本國內三個城市的舉辦資料（詳細記載每個都市的資料）」、「URL」。首先，依照群組分門別類，用留白區隔資料。

02 根據資料的優先順序調整文字的大小

一邊整理資料，一邊調整文字的配置，按照優先順序調整文字大小 **2**。最想強調的活動名稱設成最大，接著是主要文字與 URL **3**。此外，舉辦活動的三個城市資料量很多，因此略微放大突顯各個城市的名稱，顯示資料的整合性 **4**。

Graphic presents「グラフイク」

昨年末に開催したワンマンツアー「NEW DESIGN」に続いて、今年も新たな企画「グラフイク」を始動。東京、名古屋、京都の三都市で開催する記念すべき第1回は、Graphicの音楽性の幅の広さを示すゲストを迎えて開催。

KYOTO
2017.6.10(sat) @ AAAAAAAA
open 18:00 / start 18:30
adv 3800yen

チケット：
チケットデザイン
(0570-000-000/Rコード: 00000)

Live：Polaris

デザインタロウ(Vocal/Guitar)
山田太郎(Bass)
鈴木太郎(Drums

Guest：DDDDDD

GGGGGG
600-8459
京都市下京区松原通油小路東入ル
天神前町327-2
Tel：075-000-0000
www.gggggg.com

NAGOYA
2017.6.17(sat) @ BBBBBB
open 18:00 / start 18:30
adv 3800yen

チケット：
チケットデザイン
(0570-000-000/Rコード: 00000)

Live：Polaris

デザインタロウ(Vocal/Guitar)
山田太郎(Bass)
鈴木太郎(Drums

Guest：EEEEEE

HHHHHH
〒464-0850
名古屋市南区松原通油小路東入ル
天神前町327-2
TEL：052-000-0000
www.hhhhhh.com

http://graphic-ccc.com
東京、名古屋、京都の三都市で開催

TOKYO
2017.6.23(fri) @ CCCCCC
open 18:15 / start 19:00
adv 3800yen

チケット：
チケットデザイン
(0570-000-000/Rコード: 00000)

Live：Polaris

デザインタロウ(Vocal/Guitar)
山田太郎(Bass)
鈴木太郎(Drums

Guest：FFFFFF

IIIIII
〒150-0042
東京都東京区松原通油小路東入ル
天神前町327-2
Tel：03-000-0000
www-iiiiii.j

http://graphic-ccc.com
東京、名古屋、京都の三都市で開催

1

Graphic presents 「グラフイク」

昨年末に開催したワンマンツアー「NEW DESIGN」に続いて、今年も新たな企画「グラフイク」を始動。東京、名古屋、京都の三都市で開催する記念すべき第1回は、Graphic の音楽性の幅の広さを示すゲストを迎えて開催。

K Y O T O
2017.6.10(sat) @ AAAAAAAA
open 18:00 / start 18:30
adv 3800yen

チケット：
チケットデザイン
(0570-000-000/R コード : 00000)

Live : Polaris

デザインタロウ (Vocal/Guitar)
山田太郎 (Bass)
鈴木太郎 (Drums)

Guest : DDDDDD

GGGGGG
600-8459
京都市下京区松原通油小路東入ル
天神前町 327-2
Tel : 075-000-0000
www.gggggg.com

N A G O Y A
2017.6.17(sat) @ BBBBBB
open 18:00 / start 18:30
adv 3800yen

チケット：
チケットデザイン
(0570-000-000/R コード : 00000)

Live : Polaris

デザインタロウ (Vocal/Guitar)
山田太郎 (Bass)
鈴木太郎 (Drums

Guest : EEEEEE

HHHHHH
〒464-0850
名古屋市南区松原通油小路東入ル
天神前町 327-2
TEL : 052-000-0000
www.hhhhhh.com

T O K Y O
2017.6.23(fri) @ CCCCCC
open 18:15 / start 19:00
adv 3800yen

チケット：
チケットデザイン
(0570-000-000/R コード : 00000)

Live : Polaris

デザインタロウ (Vocal/Guitar)
山田太郎 (Bass)
鈴木太郎 (Drums

Guest : FFFFFF

IIIIII
〒150-0042
東京都東京区松原通油小路東入ル
天神前町 327-2
Tel : 03-0000-0000
www-iiiiii.j

東京、名古屋、京都の三都市で開催
http://graphic-ccc.com

2

esents 「グラフイ

ツアー「NEW DESIGN」に続いて、今年も新た

名古屋、京都の三都市で開催する記念すべ

3

K Y O T O
2017.6.10(sat) @ AAAAAAAA
open 18:00 / start 18:30
adv 3800yen

チケット：
チケットデザイン

N A G O
2017.6.17(sat)
open 18:00 / sta
adv 3800yen

チケット：
チケットデザイン

4

03 把線條當作重點，讓資料的分類更明確

在此把線條當作重點，繼續整理資料 **5**。剛才放大配置的三個城市名稱分別整理了各自所屬的資料，在各個城市的資料之間加上垂直線，清楚區隔。垂直線的上端彎曲成直角，延伸水平線，連接到城市名稱，形成對資料分類一目瞭然的狀態，這條線可以輕易「區隔城市」。每個城市的資料還用水平線分隔，整理成各個群組。區隔城市的垂直線保留 1.5mm 的留白，而水平線是顯示比城市更低一階的分類。每條線的**筆畫寬度**設為 **0.25pt**，之後新增的線條也會建立相同的筆畫寬度。

04 組合線條與文字，當作「裝飾」使用

在各個城市名稱的水平線點綴圓點裝飾。使用**文字工具**不斷輸入「‧」，用圓點裝飾水平線路徑 **6**。另外，使用虛線區隔各個城市內的資料 **7**。到目前為止，城市之間的區隔都和城市內的資料分類一樣，加上裝飾之後，就能清楚強調 **8**。

05 手動為主要文字加上底線

在主要文字的下方畫上底線 **9**。Illustrator 的**字元**面板雖然有增加底線的功能，卻無法微調筆畫的高度，因此改用手動方式畫出水平線。

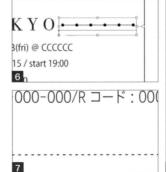

1 BASIC

2 TYPOGRAPHY

3 COLOR

4 TITLE & MARK

5 PHOTOGRAPHY

6 DECORATION

06 用粗底線區隔文字強弱，用框線包圍想強調的重點

接著，進一步調整資料的呈現方式。在主要的文字內容中，於想強調的部分加上粗線 **10**。使用**矩形工具**繪製高約 0.75mm 的橫長矩形，「**填色**」設為**黑色**，製作成粗線。將粗線延伸成和字數一樣的寬度，下端與底線對齊。此外，這裡用矩形線條包圍頁面下方的內容與 URL，藉此強調重點，框線的寬度統一為 0.25pt。

Graphic presents 「グラフイク」

07 用簡單的圖形裝飾標題周圍即完成

最後要裝飾標題。首先用**矩形工具**在標題左上方繪製小的縱長矩形，按照標題的長度，往水平方向等距拷貝矩形 **11**。接著使用**直接選取工具**選取所有在矩形上方的錨點，略微往右移動，加上角度 **12**。然後選取並拷貝所有四邊形，移動到標題的下方，上下都用矩形包圍 **13**。完成之後，交錯反轉「**填色**」與「**筆畫**」，完成裝飾 **14**。最後頁面框也要加上裝飾。選取完成尺寸框，執行『**物件→路徑→位移複製**』命令，設定「**位移：-0.7mm**」，增加內框，用雙重線條包圍整個設計，微調整個版面後就完成了 **15**。

「グラフイク」

「グラフイク」

Graphic presents

Graphic presents

Graphic presents 「グラフイク」

1 BASIC

2 TYPOGRAPHY

3 COLOR

4 TITLE & MARK

5 PHOTOGRAPHY

6 DECORATION

散發懷舊感的映像管網紋風格

重現老舊映像管螢幕中的掃描線橫條圖樣及色偏現象，
完成充滿懷舊感的風格。

089

Ps CC 2021　Ai CC 2021　CREATOR: Malko Ueda

◆ 基本規則

掌握舊產品特有的現象

類比訊號的時代已經結束很久了，過去映像管螢幕特
有的掃描線、畫面晃動、色偏、收播後的雪花畫面，
這些與現代格格不入的現象，卻成為令人懷舊的元
素。由於這些元素近來才成為編修上的主流，因為不
同世代的落差，可能會被認為是懷舊的，也可能會被
認為是新的，在接受程度上可能有所差異，所以著手
設計時，最好瞭解目標對象。

01 在 Photoshop 置入元素 並做調整

此範例主要在 Photoshop 中進行編修，要將影像調整成老舊電視畫面的風格。首先，建立「**色彩模式：RGB色彩**」的新檔案，置入照片並輸入文字 **1** **2**。選取照片圖層，執行『**圖層→新增調整圖層→色階**』命令，建立**色階**調整圖層，略微提高對比 **3**。接著在調整圖層上面建立一個新圖層，用黑色填滿之後，設定圖層的「**不透明度：15%**」 **4**，替下層照片疊上淺淺黑色，降低整個影像的色調 **5**。

02 增加老式映像管電視 的掃描線

完成基本的視覺影像後，按下 Ctrl (⌘) + A 鍵，選取所有影像，按下 Shift + Ctrl (⌘) + C 鍵（或執行『**編輯→拷貝合併**』命令），拷貝合併影像，再按下 Ctrl (⌘) + V 鍵，貼至新圖層 **6**。接著在貼上的影像增加掃描線效果。將**前景色**設成**黑色**，選取合併影像圖層，執行『**濾鏡→素描→網屏圖樣**』命令 **7**，影像就會變成黑白的橫線圖樣 **8**。

ONE POINT

在預設狀態下，「**素描**」濾鏡不會顯示在選單上。請先執行『**編輯→偏好設定→增效模組**』命令，確認濾鏡的顯示設定。

03 錯開 RGB 各色色版
製作螢幕的色偏現象

將加入橫線的圖層設定為「**混合模式：線性光源**」、「**不透明度：20%**」，讓圖樣與下層影像融合 **9** **10**。執行『**圖層→影像平面化**』命令，先合併成一個影像。開啟**色版**面板，選取「**紅**」色版 **11** **12**，使用**移動工具**在畫面上拖曳，或按下方向鍵，略微移動影像。按下**色版**面板中「**RGB**」色版旁邊的眼睛圖示，顯示所有色版 **13**，就能看到產生了色偏效果。按照相同方法，分別選取並稍微移動「**綠**」與「**藍**」色版 **14**。即使只移動 1～2 像素也能製造色偏效果，請勿移動過度。

04 利用波形效果濾鏡讓整個
影像產生扭曲效果

製造出色偏效果後，在**色版**面板中選取「**RGB**」，顯示所有色版。接著執行『**濾鏡→扭曲→波形效果**』命令，勾選「**類型：正方形**」，設定「**產生器數目**」及「**振幅**」，設定值如圖 **15** 所示，在整個影像加上扭曲效果，最後執行『**濾鏡→銳利化→銳利化**』命令就完成了 **16**。

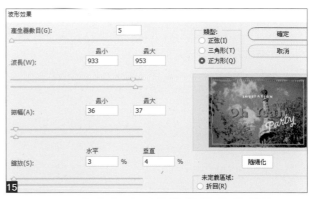

1 BASIC

2 TYPOGRAPHY

3 COLOR

4 TITLE & MARK

5 PHOTOGRAPHY

6 DECORATION

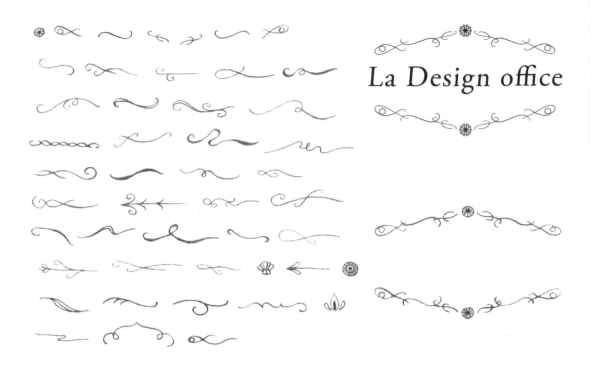

La Design office

掃描鉛筆畫變成裝飾

在電腦上合成繪製在紙張上的曲線或植物圖案，
製作出優雅的裝飾框線。

AI CC 2021　CREATOR: Wataru Sano／Marin Osamura

090

手繪風格的裝飾元素

掃描畫在紙張上的裝飾，就能製作出難以
用電腦描繪，卻能用手繪方式畫出來的柔
和線條裝飾。可以直接使用掃描後的影
像，或利用 Illustrator 擷取出路徑後再使
用。請善用手繪風格的設計元素。

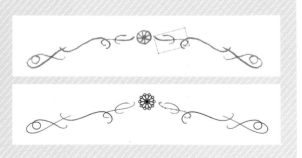

01 手繪裝飾物件
並掃描成圖檔

用鉛筆在紙張上繪製裝飾物件 **1**。如果腦中已經有靈感，就直接畫出來，若沒有想法，也可以先繪製大量線條，再從中組合成裝飾，總之請先試著動手畫看看。此外，圖 **1** 是正在使用製圖筆的狀態，圖 **2** 是畫出來的裝飾，繪製了曲線、花朵、植物藤蔓等各種圖案。完成之後，掃描紙張，使用 Photoshop 開啟檔案，去除紙張顏色與雜訊。具體來說是執行『**影像→調整**』命令，拷貝影像圖層，以「**混合模式：濾色**」合成圖層等，利用這些容易執行的步驟調整對比，去除紙張顏色。接著一般會使用**橡皮擦工具**或建立選取範圍，按下 Delete 鍵刪除，去除剩下的雜訊。

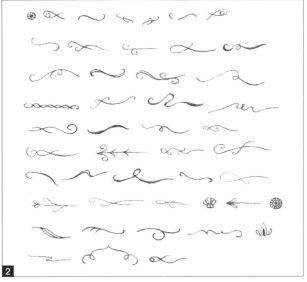

02 先把匯入 Photoshop 內
的裝飾變成透明背景

完成調整之後，將背景變透明。方法有很多種，如果要使用**色版**面板，先按下**載入色版為選取範圍 3**，建立白色部分的選取範圍 **4**。色版的灰色部分變成半透明，黑色部分非選取範圍。接著按下 Shift + Ctrl (⌘) + I 鍵，反轉選取範圍，再按下 Ctrl (⌘) + J 鍵，將選取範圍拷貝至新圖層，就能完成透明影像 **5 6**。假如物件的顏色太淺，就拷貝多個圖層，加深顏色 **7 8**。如果想去除周圍殘留的紙張顏色，將影像背景圖層轉換成一般圖層，使用**魔術棒工具**建立多餘部分的選取範圍再刪除。

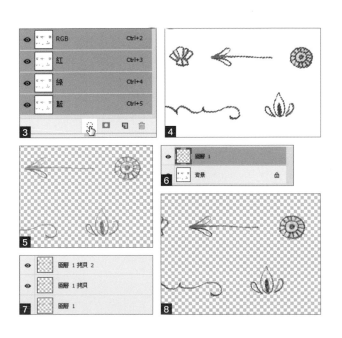

03 將各物件儲存成不同檔案 並置入 Illustrator 中

把裝飾物件分割成獨立的影像檔案並儲存 **9** **10**。「**存檔類型**」設為「**Photoshop**」或「**TIFF**」，這樣在置入 Illustrator 時，可以保留透明部分。儲存完畢，在 Illustrator 建立新檔案，置入裝飾物件 **11**。一邊調整組合，一邊找出最適合的裝飾結果。這個範例改變了線條組合，製作出三種裝飾 **12** **13** **14**。

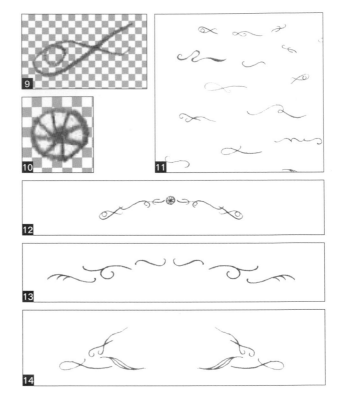

04 根據使用目的整合裝飾

從製作完成的圖樣中，選擇適合的裝飾運用在設計中。請思考符合目的的完成影像，決定要保持手繪影像 **15**，或轉換成路徑，變成平滑線條 **16**。這個範例在 Illustrator 建立路徑，使用**鋼筆工具**描繪線條，並利用**旋轉工具**旋轉、拷貝正圓形及橢圓形路徑製作成花朵。完成裝飾之後，在文字上下編排裝飾元素就完成了 **17**。

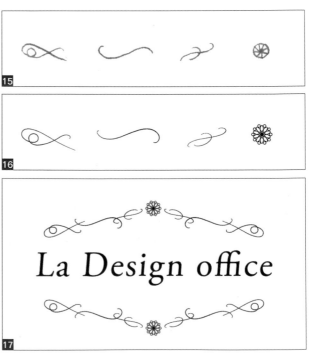

La Design office

1 BASIC

2 TYPOGRAPHY

3 COLOR

4 TITLE & MARK

5 PHOTOGRAPHY

6 DECORATION

091

製作隨機布滿圓點的背景

使用 Illustrator 的虛線效果，在畫面中製作出散布隨機紋理的空間。

Ai CC 2021　CREATOR: Toru Kase

波線を
コントロールして
テクスチャーをつくる

2018年12月15日（水）～12月31日（月）
12時～20時（祝日：13時～）

〒000-000 東京都文字区横濱 0-0-0 / Tel：03-0000-000 / e-mail：info@dummy-museum / Web：dummy-museum.dam

DUMMY MUSEUM

💎 基本規則

運用 Illustrator 的效果功能

使用 Illustrator 的**效果**選單，可以製作出各種裝飾物件。範例這種用手動很花時間的圓點畫，利用**效果**就能快速完成，或製作出無法以手動完成的效果，建議你可以自行嘗試看看。不論使用何種工具，制定設計目的再具體成型的過程是一樣的，必須將適當的功能發揮在適合的情境，別被功能牽制。

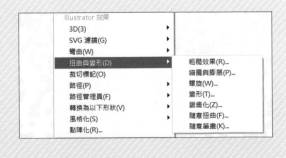

01 使用 Illustrator 繪製垂直線並水平等距排列

在此要製作 B5 大小（182×257mm）的展覽活動視覺設計。在 Illustrator 建立新文件，使用**矩形工具**建立和完成尺寸一樣大的矩形框，接著使用**線段區段工具**繪製比外框更長的垂直線，往水平方向拷貝多條線，覆蓋住矩形框 **1**。「**筆畫寬度**」可以設定為任意值，這個範例設定為 **3mm** **2**。增加線條的方法有許多種，其中之一是使用**選取工具**按住 Alt（Option）鍵不放，往橫向拖曳，再按下 Ctrl（⌘）+ D 鍵，反覆拷貝。另一種是在矩形框左右兩邊的外側各放置一條垂直線，執行『**物件→漸變→漸變選項**』命令，設定「**指定階數**」 **3 4**，再按下 Alt + Ctrl（Option + ⌘）+ B 鍵（或執行『**物件→漸變→製作**』命令）**5**。

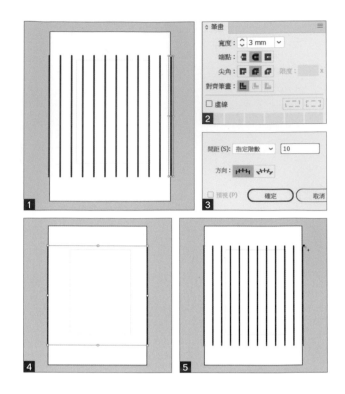

02 把水平排列的垂直線統一變成虛線

選取所有垂直線，在**筆畫**面板勾選「**虛線**」，轉換成虛線 **6**。這個範例的設定為「**虛線：0mm**」、「**間隔：5mm**」，「**端點**」設定為「**圓端點**」，就變成以 5mm 的間隔，反覆顯示和「**筆畫寬度**」的設定值一樣、直徑為 3mm 的圓形虛線 **7 8**。

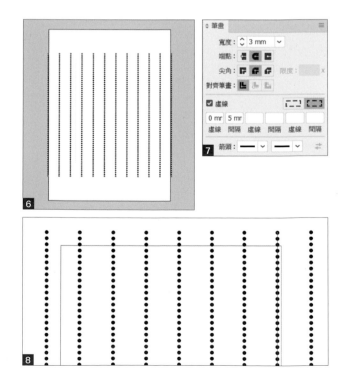

03 把虛線變成鋸齒狀的高密度波浪線

選取所有虛線，執行『**效果→扭曲與變形→鋸齒化**』命令 **9**，在**鋸齒化**對話視窗設定「**點：平滑**」，一邊檢視預視結果，一邊調整設定值 **10**。增加「**尺寸**」的數值，鋸齒化的振幅就會變大，增加「**各區間的鋸齒數**」會提高密度，讓鋸齒化的角度變顯著，這裡設定成如圖 **11** 的密度。

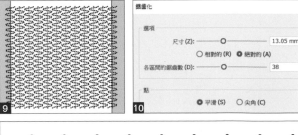

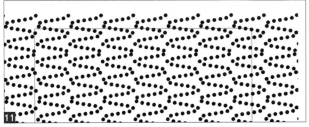

04 使用「效果」選單的「粗糙效果」隨機散布圓點

把規律的波浪狀圓點排列成不規則。執行『**效果→扭曲與變形→粗糙效果**』命令，設定「**點：平滑**」**12** **13**，隨機散布圓點 **14**。「**粗糙效果**」能在物件套用大小不一的隨機鋸齒狀態，放大「**尺寸**」，整個物件的鋸齒效果就會變明顯，讓圓點往外散布。此外，增加「**細部**」的數值，會提高隨機圓點的密度。請一邊用預視檢視效果，一邊找出適合的散布狀態。完成紋理後再上色 **15**，調整整體的設計，運用在背景上 **16**。

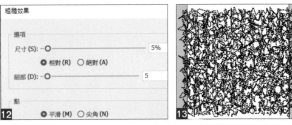

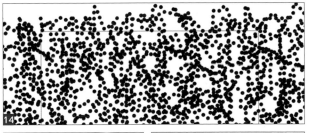

1 BASIC
2 TYPOGRAPHY
3 COLOR
4 TITLE & MARK
5 PHOTOGRAPHY
6 DECORATION

用紋理表現陳舊的擦痕

加入紋理，呈現出類似印刷擦痕的效果。
這次要進行懷舊車票的設計。

Ps CC 2021　Ai CC 2021　CREATOR: Malko Ueda

092

01 使用 Illustrator 製作車票的基本設計

此範例要製作的尺寸為名片大小（89×51mm）**1**。使用**矩形工具**在和工作區域相同的位置建立大小一致的矩形，「**填色**」設成粉紅色，再使用**橢圓形工具**繪製直徑 10mm 的正圓形，圓形的中心重疊在矩形左側的中央位置 **2**，接著拷貝另一個圓形放在右側的中央 **3**。選取所有物件，按下**路徑管理員**面板的「**分割**」鈕，分割平面重疊的部分 **4**。刪除圓形，完成車票的雛型 **5**。在距離工作區域上下 3mm、左右 8mm 的位置建立參考線 **6**，設定「**筆畫寬度：1pt**」繪製矩形 **7**。另外，若從尺標拖曳出參考線，但是原點不為 0 時，在尺標左上方雙按滑鼠左鍵，就會歸 0。參考線的位置偏移時，可以利用**變形**面板的數值來修正 **8**。

02 依顏色建立圖層並編排元素

在沿著參考線建立的矩形框內編排車票的元素 **9**。在這個階段評估用色，這次設定成雙色。主要的活動名稱、舉辦日期等優先順序較高的文字設成紅色「M：100 Y：80 K：30」，其他細節文字與框線設成深藍色「C：100 M：90 K：50」**10 11 12 13**。按照顏色整理成三個圖層，包括最下層當作背景的粉紅色圖層、中間的紅色文字圖層、以及最上面的深藍色元素圖層。

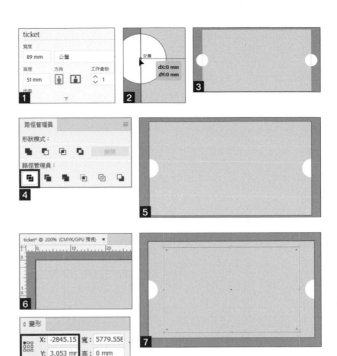

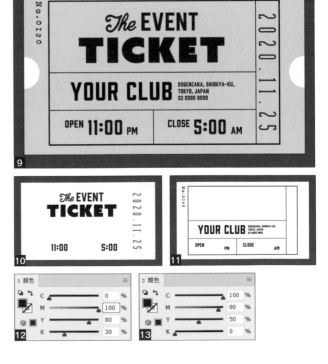

1 BASIC

2 TYPOGRAPHY

3 COLOR

4 TITLE & MARK

5 PHOTOGRAPHY

6 DECORATION

03 在和工作區域相同的位置建立同尺寸的透明框

在最上面建立新圖層，並置入和工作區域相同位置、大小的矩形 **14**，「填色」與「筆畫」先設定成透明 **15**。下個步驟要將資料拷貝＆貼至 Photoshop，因此使用這個矩形當作對齊的基準。

04 個別將元素拷貝＆貼上到 Photoshop 內

啟動 Photoshop，建立和車票完成尺寸 89×51mm 一樣大小的新檔案。在 Illustrator 選取紅色文字圖層與透明矩形圖層（圖 **16** 的「基本」圖層），按下 Ctrl（⌘）＋ C 鍵，拷貝之後，貼至 Photoshop 的新圖層 **17**。按照相同方法，拷貝深藍圖層及「基本」圖層，貼至 Photoshop 內 **18 19**。確認在 Photoshop 中，紅色與深藍色圖層維持和 Illustrator 一樣的排版，正確重疊。

ONE POINT

如果沒有選取用來對齊位置的透明矩形，單獨拷貝＆貼上後，會以選取的物件大小為基準來決定貼上的位置，而非完成尺寸框，所以紅色與深藍色圖層會產生位置偏移的狀況。

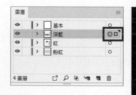

05 準備合成文字用的紙張紋理

掃描具有粗糙質感的紙張，為文字加上紋理效果。在 Photoshop 開啟影像 **20**，執行『影像→調整→色相／飽和度』命令，降低飽和度，變成灰色調 **21 22**。

06 提高紋理的對比並合成文字

對紋理影像執行『影像→調整→色階』命令，提高對比，讓紙張的凹凸起伏變清楚 23。圖 23 的黑色部分在合成文字時會形成擦痕。調整完畢後，按下 Ctrl (⌘) + A 鍵，選取全部，接著開啟剛才從 Illustrator 拷貝＆貼上的文字檔案，在選取紅色文字的狀態，按下圖層面板的**增加圖層遮色片**鈕，在文字合成質感 24。按住 Alt (Option) 鍵＋按一下剛才新增的圖層遮色片縮圖，就會單獨顯示遮色片，執行『編輯→任意變形』命令，調整大小，調整成恰到好處的質感。再次按住 Alt (Option) 鍵＋按一下圖層遮色片縮圖，恢復成正常狀態。在選取遮色片的狀態下，使用**加深工具**加深想加強擦痕的地方，增加強弱對比 25 26，深藍色文字也同樣加上質感 27。圖 28 是質感調整完畢後的遮色片，圖 29 是影像的狀態。

ONE POINT

假如想把紅色文字建立的圖層遮色片拷貝到藍色文字圖層，按住 Alt (Option) 鍵不放並把圖層遮色片拖曳到拷貝對象上，就可以拷貝圖層遮色片。

07 準備素材，在車票背景合成質感

掃描車票背景用的粉紅色紙張並使用 Photoshop 開啟檔案 30，執行『圖層→新增調整圖層→色階』命令 31 32，調整成符合車票的色調。

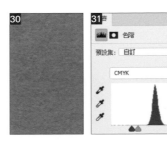

1 BASIC

2 TYPOGRAPHY

3 COLOR

4 TITLE & MARK

5 PHOTOGRAPHY

6 DECORATION

08 把用 Photoshop 編修後的影像置入 Illustrator 的檔案內

開啟步驟 01 建立的車票雛型檔案。由於輸入文字的紅色、深藍色圖層以及建立透明框的「基本」圖層都已經不需要，可以先刪除或隱藏。之後選取最下面製作車票基本形狀的粉紅色圖層，執行『檔案→置入』命令，置入剛才調整後的粉紅色紙張影像 33，按下 Shift + Ctrl (⌘) + [鍵 (或執行『物件→排列順序→移至最後』命令)，把影像傳送到最下層 34，接著，選取全部物件，按下 Ctrl (⌘) + 7 鍵 (或執行『物件→剪裁遮色片→製作』命令)，建立剪裁遮色片 35 36，就能將帶有質感的影像剪裁成車票形狀。

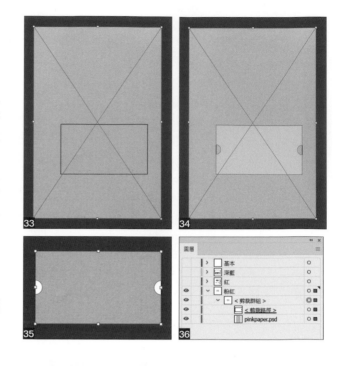

09 把加上質感的文字元素也置入 Illustrator 內

加上粗糙紙張質感的紅色與藍色文字影像也儲存成 PSD 格式，執行『檔案→置入』命令，放置在工作區域內就完成了。

ONE POINT

開頭的範例準備了不同背景色的應用變化 (圖左上)。上色方式包括在 Photoshop 對質感影像增加「色相 / 飽和度」調整圖層，更改影像的顏色 (圖左下)，還有用灰階模式調整素材的深淺再合併影像，以 Photoshop 或 TIFF 格式儲存，再置入 Illustrator 中，設定「填色」等方法 (圖右)。

エアブラシのような
グラデーションで見せる

2018年12月15日(水)～12月15日(水)
12時～20時(祝日：13時～)

〒000-000 東京都文字区段落 0-0-0 / Tel：03-0000-000 / e-mail：info@dummy-museum / Web：dummy-museum.dam

DUMMY MUSEUM

帶有顆粒感的噴霧漸層效果

利用噴槍或空氣筆刷般的顆粒感漸層，
製作出吸引目光的視覺影像。

Ps CC 2021　Ai CC 2021　CREATOR: Toru Kase

093

1 BASIC

2 TYPOGRAPHY

3 COLOR

4 TITLE & MARK

5 PHOTOGRAPHY

6 DECORATION

01 繪製裝飾用的矩形並用漸層上色

使用 Illustrator 建立設計雛型 **1**，並以**矩形工具**繪製要加入裝飾的矩形路徑，「**填色**」設為漸層 **2**。在漸層面板設定「**類型：線性**」，套用從深灰色「K：70」變化成微亮灰色「K：40」的灰階漸層 **3** **4** **5**。

02 把漸層轉存成影像並使用 Photoshop 編修

除了漸層物件外，先把其他的設計雛型隱藏起來，執行『**檔案→轉存→轉存為**』命令，將漸層轉存成影像檔案。此範例設為「**存檔類型：JPEG**」 **6**。接著使用 Photoshop 開啟轉存後的檔案，執行『**影像→模式→灰階**』命令，轉換成灰階影像 **7** **8**。然後執行『**濾鏡→模糊→高斯模糊**』命令，在影像上增加模糊效果 **9**。圖 **10** 是套用濾鏡前的狀態，圖 **11** 是套用濾鏡後的狀態。

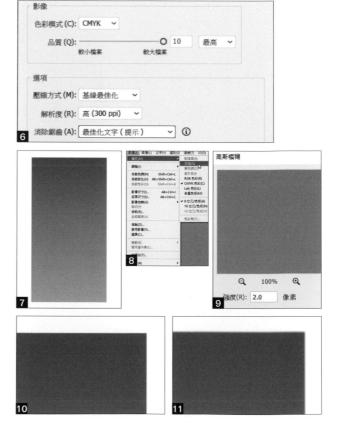

03 在影像增加雜訊後，利用點陣圖製造粗糙顆粒感

執行『濾鏡→雜訊→增加雜訊』命令，設定「總量：20%」，增加細緻的顆粒感 **12** **13**。接著執行『影像→模式→點陣圖』命令，將影像完全分成白色與黑色，剛才的顆粒就會變得比較粗糙 **14** **15**。執行『影像→模式→灰階』命令，將影像恢復成灰階模式。

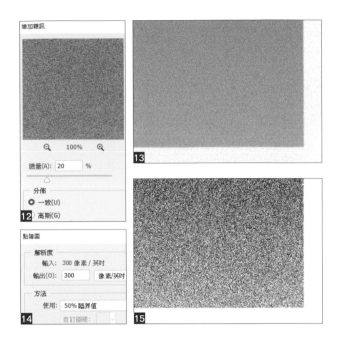

04 把顆粒變得更粗糙再存檔並置入 Illustrator

執行『濾鏡→雜訊→污點和刮痕』命令，讓細顆粒的部分變白並進一步加粗顆粒 **16** **17**。完成之後存檔關閉，並再次開啟 Illustrator 製作的設計雛型。執行『檔案→置入』命令，載入編修後的漸層影像，置於設計內的預定位置 **18**。這次要排列兩張影像，在**透明度**面板設定「**漸變模式：色彩增值**」，讓白色部分變透明 **19**。最後加上色彩後就完成了。左邊影像的「**填色**」設為紅色「M：100 Y：100」，右邊影像設定為藍色「C：100」，這樣就完成了 **20**。

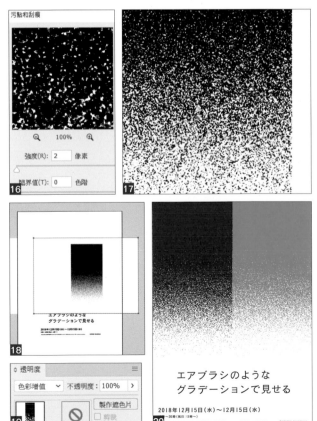

1 BASIC

2 TYPOGRAPHY

3 COLOR

4 TITLE & MARK

5 PHOTOGRAPHY

6 DECORATION

APPENDIX

Illustrator 常用的基本操作

「基本操作」

建立新檔案
→執行『檔案→新增』命令。

→按下 Ctrl (⌘) + N 鍵。

顯示面板、面板選項
→執行『視窗』命令，選取要使用的面板。

按下面板右上方的 ≡，就會顯示選項。

按下 Tab 鍵會隱藏所有面板。按下 Shift + Tab 鍵可以隱藏控制面板及工具列以外的面板。

顯示尺標
→執行『檢視→尺標→顯示尺標』命令。如果要隱藏尺標則執行『檢視→尺標→隱藏尺標』命令。

→按下 Ctrl (⌘) + R 鍵切換顯示／隱藏尺標。

使用智慧型參考線
→執行『檢視→智慧型參考線』命令。

→按下 Ctrl (⌘) + U 鍵可以切換顯示／隱藏智慧型參考線。

顯示、靠齊格點
→執行『檢視→顯示格點』命令，會顯示格點。執行『檢視→靠齊格點』命令，能靠齊格點。如果要隱藏格點，則執行『檢視→隱藏格點』命令。

→按下 Ctrl (⌘) + " 鍵可以切換顯示／隱藏格點。

設定工具的選項
→含有選項設定的工具，在工具圖示上雙按滑鼠左鍵，就會顯示選項設定畫面。

建立裁切標記
→選取和設計尺寸一樣大的物件，執行『效果→裁切標記』命令，完成之後，執行『物件→擴充外觀』命令，擴充外觀。

調整工作區域大小
→選取工作區域工具，拖曳邊框。或在工具列的工作區域工具圖示上雙按滑鼠左鍵，還有利用工作區域面板右上方選項開啟工作區域選項對話視窗，設定數值，都可以調整工作區域。

「影像操作」

置入影像
→執行『檔案→置入』命令，選擇要置入的影像。如果要連結影像，則勾選「連結」。

→按下 Shift + Ctrl (⌘) + P 鍵，置入影像。

→從桌面將影像拖曳到工作區域內。

利用連結嵌入影像
→在連結面板中選取要嵌入的影像，利用面板選項執行『嵌入影像』命令。

「物件操作」

拷貝物件
→在選取物件的狀態，執行『編輯→拷貝』命令，接著執行『編輯→貼上』命令。

→按住 Alt (Option) 鍵不放並拖曳。

將物件貼至上層／貼至下層
→執行『編輯→拷貝』命令，接著執行『編輯→貼至上層／貼至下層』命令。

→「拷貝」物件後，按下 Ctrl (⌘) + F 鍵（貼至上層）／按下 Ctrl (⌘) + B 鍵（貼至下層）。

改變物件的排列順序
→選取要改變排列順序的物件，執行『物件→排列順序』命令，設定移動目的地。

對齊物件的位置

→選取多個物件，按下**對齊**面板「**對齊物件**」下的按鈕。選取多個物件時，使用**選取工具**按一下其中一個物件，該物件就會變成關鍵物件。

鎖定物件

→選取要選定的物件，執行『**物件→鎖定→選取範圍**』命令。

→選取物件，按下 Ctrl (⌘) + 2 鍵。

將物件組成群組

→同時選取多個物件後，執行『**物件→組成群組**』命令。

→選取物件，按下 Ctrl (⌘) + G 鍵。

建立剪裁遮色片

→在要加上遮色片的物件上方放置要當作遮色片的物件，同時選取兩個物件，執行『**物件→剪裁遮色片→製作**』命令。

→在相同狀態下，同時選取兩者，再按下 Ctrl (⌘) + 7 鍵。

「與繪圖有關的操作」

繪製正圓形、正方形、正多邊形

→選取**橢圓形工具、矩形工具、多邊形工具**，按住 Shift 鍵不放並拖曳。

用數值設定的方式繪製圖形

→在選取**橢圓形工具、矩形工具、多邊形工具**的狀態下，按一下工作區域。

把路徑的筆畫轉換成填色

→選取設定了「**筆畫**」的物件，執行『**物件→路徑→外框筆畫**』命令。

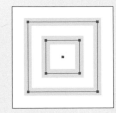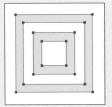

「路徑操作」

連結路徑

→使用**直接選取工具**選取要連接的錨點，執行『**物件→路徑→合併**』命令。

位移複製

→執行『**物件→路徑→位移複製**』命令。

Photoshop 常用的基本操作

「基本操作」

建立新檔案

→執行『檔案→開新檔案』命令。

→按下 Ctrl (⌘) + N 鍵。

顯示面板、面板選項

→執行『視窗』命令，選取要使用的面板。

按下面板右上方的面板選單圖示，就會顯示選項。

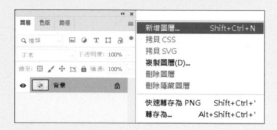

顯示／隱藏所有面板

→按下 Tab 鍵。按下 Shift + Tab 鍵可以隱藏控制面板及工具列以外的面板。

顯示尺標

→執行『檢視→尺標』命令。

→按下 Ctrl (⌘) + R 鍵。

建立參考線

→從尺標中拖曳出參考線然後放開。

→執行『檢視→新增參考線』命令。

改變色彩模式

→執行『影像→模式』命令，選擇要變更的模式。

更改影像解析度

→執行『影像→影像尺寸』命令，調整「解析度」的數值。

→按下 Alt (Option) + Ctrl (⌘) + I 鍵，調整影像解析度。

「選取範圍」

用圖層建立選取範圍

→在圖層面板中，按下 Ctrl (⌘) + 按一下目標圖層縮圖。

用路徑建立選取範圍

→按下 Ctrl (⌘) 鍵 + 按一下路徑面板中的路徑縮圖。

→在路徑面中選取路徑，或使用路徑選取工具選取，在路徑面板選單中，執行『製作選取範圍』命令，或是按下路徑面板下方的載入路徑作為選取範圍鈕。

建立正方形、正圓形選取範圍

→選取矩形選取畫面工具或橢圓選取畫面工具，然後按住 Shift 鍵不放並拖曳。

從中心開始建立選取範圍

按住 Alt (Option) 不放並用矩形選取畫面工具或橢圓選取畫面工具拖曳。

在建立選取範圍的過程中改變位置

使用矩形選取畫面工具或橢圓選取畫面工具，在拖曳出選取範圍的過程中，按住 空白鍵 鍵不放並拖曳到目標位置。在建立選取範圍的過程中，按住滑鼠左鍵不放，放開 空白鍵 鍵之後，可以重新調整大小或形狀。

反轉選取範圍

→在建立選取範圍的狀態下，執行『選取→反轉』命令。

→在相同狀態下，按下 Shift + Ctrl (⌘) + I 鍵。

增加或刪除部分選取範圍

→按住 Shift 鍵不放並用各種選取工具設定要新增的選取範圍。如果要刪除部分選取範圍，按住 Alt (Option) 鍵不放並設定刪除範圍。

羽化選取範圍

→建立選取範圍後，再執行『**選取→修改→羽化**』命令。

「圖層」

建立新圖層

→按下**圖層**面板下方的**建立新圖層**鈕。

拷貝圖層

→在**圖層**面板中，選取要拷貝的圖層，拖放至**建立新圖層**鈕。

→在**圖層**面板中，選取要拷貝的圖層，在沒有設定選取範圍的狀態下，按下 Ctrl (⌘) + J 鍵。

維持原本的圖層，拷貝合併部分

→在所有或目標部分建立選取範圍的狀態下，執行『**編輯→拷貝合併**』命令。

→在相同狀態下，按下 Shift + Ctrl (⌘) + C 鍵。

建立新填色或調整圖層

→按下**圖層**面板下方的**建立新填色或調整圖層**鈕，執行目標項目。

重新編輯填色或調整圖層

→**填色圖層**是在**圖層**面板中，於目標圖層縮圖上雙按滑鼠左鍵。**調整圖層**是選取目標圖層後，利用**內容**面板調整設定。

增加圖層效果

→選取要加上效果的圖層，按下**圖層**面板下方的**增加圖層樣式**鈕，執行目標效果。

調整圖層的混合模式

→選取圖層，在**圖層**面板中，利用「設定圖層的混合模式」設定要更改成何種模式。

建立、編輯圖層遮色片

→針對要顯示的部分建立選取範圍，按下**圖層**面板的**增加圖層遮色片**鈕。如果要編輯遮色片，選取圖層遮色片縮圖，使用繪圖類工具繪圖。用黑色描繪會建立遮色片，以白色描繪能解除遮色片。

建立剪裁遮色片

→要加上遮色片的圖層位於下層，變成遮色片的圖層在上層，接著選取上面的圖層，在**圖層**面版的選單中，執行『**建立剪裁遮色片**』命令。

→在相同狀態下，於**圖層**面板中，按住 Alt (Option) 鍵不放並在兩個圖層之間的界線上按一下滑鼠左鍵。

感謝您購買旗標書，
記得到旗標網站
www.flag.com.tw

更多的加值內容等著您…

<請下載 QR Code App 來掃描>

- FB 官方粉絲專頁：旗標知識講堂

- 旗標「線上購買」專區：您不用出門就可選購旗標書！

- 如您對本書內容有不明瞭或建議改進之處，請連上旗標網站，點選首頁的 聯絡我們 專區。

  若需線上即時詢問問題，可點選旗標官方粉絲專頁留言詢問，小編客服隨時待命，盡速回覆。

  若是寄信聯絡旗標客服 email，我們收到您的訊息後，將由專業客服人員為您解答。

  我們所提供的售後服務範圍僅限於書籍本身或內容表達不清楚的地方，至於軟硬體的問題，請直接連絡廠商。

學生團體	訂購專線：(02)2396-3257 轉 362
	傳真專線：(02)2321-2545
經銷商	服務專線：(02)2396-3257 轉 331
	將派專人拜訪
	傳真專線：(02)2321-2545

國家圖書館出版品預行編目資料

New Idea！設計師不藏私的版面設計新點子
[Photoshop&Illustrator] / 上田マルコ、尾沢早飛、加瀬
透、近藤聡、サノワタル；吳嘉芳 譯；臺北市：旗標，
2021.01 面；公分

ISBN 978-986-312-656-0（平裝）

1. 版面設計

964   110000792

作　　者／上田マルコ、尾沢早飛、加瀬透、
　　　　　近藤聡、サノワタル

翻譯著作人／旗標科技股份有限公司

發 行 所／旗標科技股份有限公司

　　　　　台北市杭州南路一段15-1號19樓

電　　話／(02)2396-3257(代表號)

傳　　真／(02)2321-2545

劃撥帳號／1332727-9

帳　　戶／旗標科技股份有限公司

監　　督／陳彥發

執行企劃／林佳怡

執行編輯／林佳怡

美術編輯／林美麗

封面設計／林美麗

校　　對／林佳怡

新台幣售價： 590 元

西元 2021 年 1 月初版

行政院新聞局核准登記-局版台業字第 4512 號

ISBN　978-986-312-656-0

新ほめられデザイン事典 レイアウトデザイン
[Photoshop&Illustrator]

Shin Homerare DesignJiten Layoutdesign (5588-3)